図解できちんと理解する

After Effects モーショングラフィックス パーフェクトガイド

After Effects
Motion Graphics
Perfect Guide

石坂アツシ+山下大輔

Ishizaka Atsushi
+
Yamashita Daisuke

K
Rutles

JN064999

本書は原稿執筆時点でのmacOS版Adobe After Effects CC最新バージョンに基づいて解説しています。ただし、執筆後のバージョンアップによって、インターフェイスや機能が変更される場合があります。あらかじめご了承ください。

▶▶▶ はじめに

モーショングラフィックスの魅力はその動きにあります。

目をひく動きで高いテンションの映像はとても魅力的です。

Web には数多くのテンプレートがあり、誰でもすぐに高品質のモーショングラフィックスをつくることができます。

ですが、それを自分なりにアレンジしたい、あるいは似たような映像をイチからつくりたい、という場合はどうしますか?

おそらく「こんな複雑な映像つくるのムリ!」と思うでしょう。

ところがです。その複雑な映像を構成するパーツを一つ一つ分離してみてください。それらは、ただ直線が移動しているだけだったり、円が広がっているだけだったりします。つまり、複雑な映像は実は単純な動きの重ね合わせであることが多いのです。

ということは単純な動きの原理や調整方法をマスターしていれば複雑なモーショングラフィックスをアレンジしたり、つくり出したりできるようになるわけです。

本書はそれらの単純な動きを原理から調整方法まで解説しており、大きな特徴として、モーションの原理を図解で説明しています。モーションを説明するには比喩や具体例を使うのが一番と考え図解という手法を使いました。この図解を理解し、次に単純なモーションを実際につくって個性的に調整してみてください。そうすることで複雑なモーショングラフィックスを自由に扱える力量を身につけることができます。

「最もシンプルで最も身につくモーショングラフィックス指南書」それが本書です。

皆さまが動きの基本を確実に身につけてオリジナルのモーショングラフィックスをつくり出すクリエイターに育っていくことを切に願っています。

著者一同
2021 年 2 月

図解
モーショングラフィックス

はじめにAfter Effectsのモーション機能とはどのようなものかを、図解でつかんでおきましょう。

図解 はじめに

モーションをはじめる上でAfter Effectsの
注意事項をみてみましょう。モーションをつ
くる上で欠かせない考え方です。

▶… コンポジションの基本

素材を動かすのに使用するのが「位置」になります。トランスフォームを開くと縦と横の
数値がカンマで区切られて並んでいます。

◉ コンポジションの座標

コンポジションは左上から数えます。右に移動すれば横の数値が大きくなり、下に移動
すれば縦の数値が大きくなります。

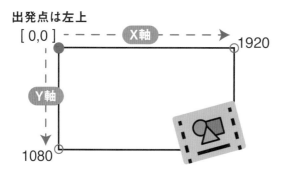

◉ フレームレート

「フレームレート」とは1秒間に映像を何コマ表示するかです。たとえば、映画であれば
24コマ、Webなら30コマなど、最終的にどのような媒体でモーションを使うかを考えて
おきましょう。

 フレームレートの単位
（frames per second＝1秒間のフレーム数）

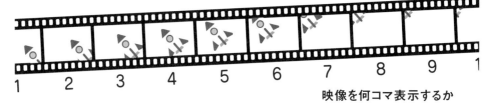

映像を何コマ表示するか

● レイヤー

レイヤーは上が優先されて表示されます。何枚もの層（レイヤー）が重なっているイメージです。

見えている映像

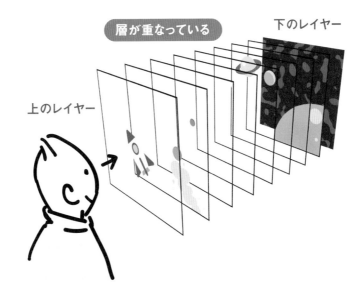

層が重なっている

下のレイヤー

上のレイヤー

● キーフレーム

「キーフレーム」とは手動でアニメーションを決定することです。キーフレームの間は前後のキーフレームを基準にして補われ（補完）されます。修正が発生した場合、キーフレームが多いと修正に時間がかかる場合もあるのでキーフレームの数には注意しましょう。

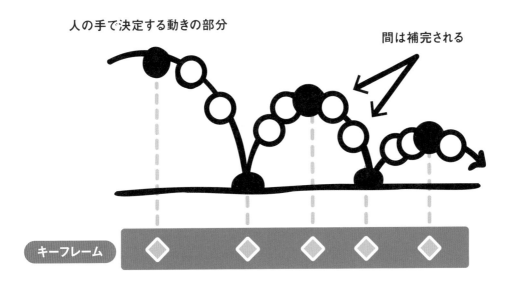

人の手で決定する動きの部分

間は補完される

キーフレーム

図解 すべての素材に共通のモーション

モーションをつけるにはいろいろな機能を組み合わせる必要があります。それらの機能をすばやく呼び出すことで作業効率が大幅に向上します。ここではよく使用する機能の表示方法を説明します。

▶… トランスフォーム

素材を動かすのに使用するのが「位置」になります。トランスフォームを開くと縦と横の数値がカンマで区切られて並んでいます。

◉ 動かす　　　　　　　　　　　　　　　ショートカットキー P

素材を上下左右に動かすには「位置」プロパティを使います。

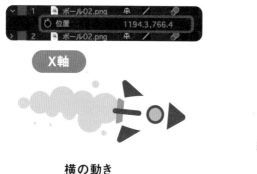

Y軸

X軸

縦の動き

横の動き

◉ 軸　　　　　　　　　　　　　　　　　ショートカットキー A

素材にピンを刺して回転させたり、そこを軸に拡大／縮小させたりできるのが「アンカーポイント」です。

アンカーポイント

ピン留め

T I P S

After Effectsの各プロパティ値は、数値を直接入力するだけでなく、数値上にカーソルを合わせてドラッグしても数値を増減できます。

● 出現 ショートカットキー T

素材を見えない状態から見える状態（出現）にする機能が「不透明度」です。

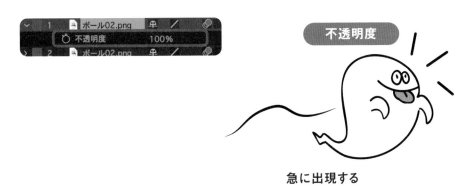

不透明度

急に出現する

● 大きさ ショートカットキー S

素材を拡大／縮小します。横と縦別々に拡大／縮小することも可能です。

スケール

縦に伸びる

横の伸びる

● 回転 ショートカットキー R

素材をぐるぐる回したりするには「回転」プロパティを使います。

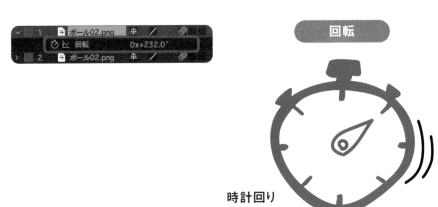

回転

時計回り

図解 アンカーポイントで多彩な動きづくり

「アンカーポイント」とは簡単にいうと軸のことです。どこをピン（基準）にして動かすかによって、モーションは大きく変化します。

▶… アンカーポイントとは軸のこと

マウスなどで直感的に作業するにはパレットからアンカーポイントツールに切り替えて操作します。command（Win：Ctrl）キーを押しながら動かすとオブジェクトにスナップします。

このアイコンをクリック

◉ 振り子のような動きをさせる場合

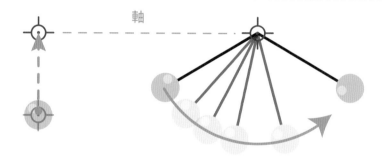

軸

① アンカーポイントを上に移動　　② 軸を基準に回転する

◉ 惑星に従う衛星の動きの場合

① 衛星のアンカーポイントを
　惑星の中心に移動させる

② 惑星を中心に衛星が
　移動するようになる

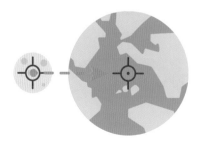

● 伸び縮みする動き

① サッカーボールの下側に
　アンカーポイントを移動する

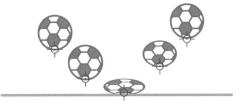

② 地面にぶつかる部分で大きさを
　変更すればバウンドする

● 吹き出しを出現させる場合

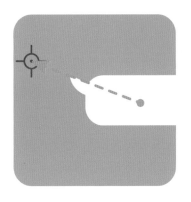

① 吹き出しが出現する所に
　アンカーポイントを移動

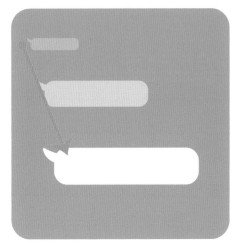

② アンカーポイントの場所から
　吹き出しが出現してくる

● キャラクターの関節を動かす場合

① キャラクターの肩の部分に
　アンカーポイントを移動する

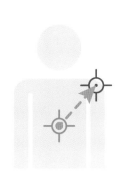

② 肩を軸に回転する
　ので手を振ったア
　ニメーションを再現
　できる

図解 目をひく動きにする

動きの種類は一定速度で動く以外にも、加速したり減速したり、あるいは残像を取り入れることでリズムを出したりして、印象に残すことが可能になります。

▶… 動きに緩急をつけるイージング

◉ リニア：動きの変動が一定

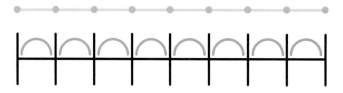 

　動きに重要なキーフレームの基本は「リニア」という動きです。動きが最初から最後まで一定の速度となっています。遠くにある飛行機などはリニアの状態で動かすと雰囲気が出ます。

◉ イーズイン：減速していく

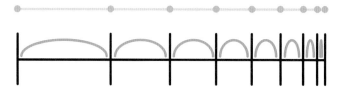 

　動き始めから速度がだんだんと減速していく動きを「イーズイン」といいます。テキストなどがシュッとすべり込んでくるときなどに使います。

◉ イーズアウト：加速していく

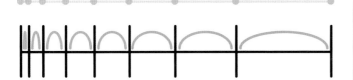

　動き始めから速度がだんだんと加速していく動きを「イーズアウト」といいます。ロケットがビューンと飛んでいくときなどにも使います。

◉ イージーイーズ：加速して減速

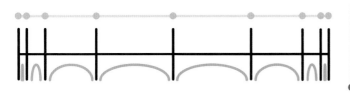

　動き始めが加速し、動き終わりが減速する動きを「イージーイーズ」といいます。ピュンピュン動くモーションに重宝します。

▶⋯ 人間の目に合わせたブレをつくる

◉ モーションブラー：動きに残像をつける

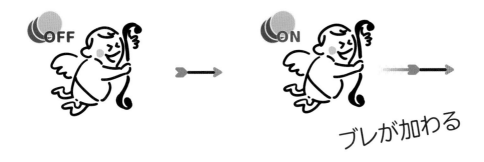

ブレが加わる

　モーションブラーを使うと動きにブレを追加することが可能です。レイヤーごとにブレをオン／オフすることが可能です。

図解 複数のモーションを組み合わせる

モーションは、他のコンポジションやプロジェクトからモーションを読み込んで組み合わせることもできます。読み込み方法はいくつかあります。

▶… コンポジションの組み合わせ

別々のコンポジションで作業していたモーションをまとめることが可能です。

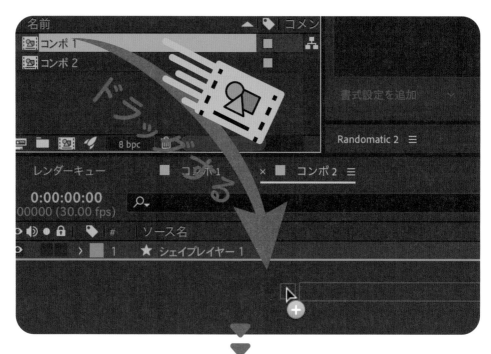

コンポジションレイヤー

編集データが一つの塊になったコンポジションレイヤーが追加されます。これで素材としてコンポジションが使えるようになります。

▶… プロジェクトの読み込み

別のプロジェクトで作業していたモーションを読み込むことも可能です。

① 「ファイル」メニューの「読み込み」
→「ファイル」を選択し、aepファイ
ルを選択する

フォルダとして読み込まれる

Projects
　Comp_01
　Comp_02
　Comp_03
　　⋮

② 読み込まれたaepファイルはフォルダとして
管理される。その中に使用したコンポジショ
ンや素材が入っているので修正も可能

▶… タイミング調整方法

読み込んだコンポジションは他のレイヤーと同様に編集できますが、全体のタイミ
ングを変更する場合はタイムリマップ機能が便利です。

タイムリマップをオンにすると時間にキーフレームを打つことができるようになりま
す。他のレイヤーと合わせたいタイミングでキーフレームを調整しましょう。

図解 雰囲気のある映像にする

エフェクトや合成モードを組み合わせて
モーションを作成するとより表現の幅が
広がります。

▶··· エフェクト

モーション自体や背景にエフェクトを適用して動きに質感や躍動感を与えることができます。

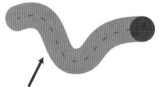

動きの軌跡

時間差をつけて動きの
軌道を生成できる

手書き風

手書き感のあるエッジを
表現できる

影

影をつけて立体感を
表現できる

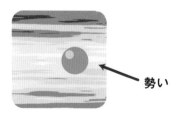

勢い

背景の疾走感などさまざまな
パターンの背景を作成できる

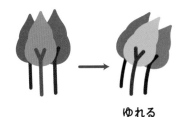

fx ディストーション → CC Bend It

ゆれる

ゆらゆらした動きをつける
ことも可能

fx ディストーション → 波形ワープ

ゆらめく

ロケットの軌跡を描くような
ゆらめくモーションが可能

▶… 描画モード

　レイヤー同士を掛け合わせて処理することで雰囲気のある映像も可能になります。レイヤー同士は描画モードを使って掛け合わせます。ここではその代表的なものを紹介します。

 スクリーン

きらめき　　　　　　カメラ　　　　　シャッターを押したカメラ

　レイヤー同士を合成するときにスクリーンを使うと、黒い部分以外を合成することができます。上図では黒い部分を透明にするために使っています。

 ディザ合成

エッジが半透明

ノイズを加えたようになる

　ディザ合成は半透明の部分にノイズを乗せたような効果を出すことも可能です。ブラーなどをかけて合成をかけると効果的です。

図解 他の編集で使うパーツにする

一度つくったモーションを他の編集ソフトに持ち込んだり、他の人に渡したりする場合の方法について説明します。

▶… ファイルの収集

作業中はどうしてもいろいろな場所にデータを置きがちです。どこにいったのかわからなくなってしまった、というようなことのないように最後にデータをまとめましょう。

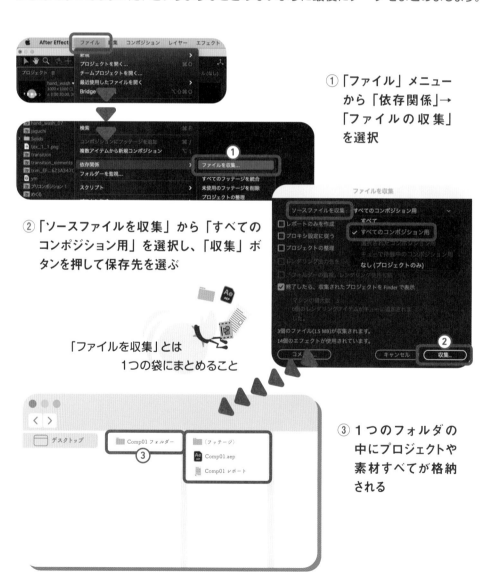

① 「ファイル」メニューから「依存関係」→「ファイルの収集」を選択

② 「ソースファイルを収集」から「すべてのコンポジション用」を選択し、「収集」ボタンを押して保存先を選ぶ

「ファイルを収集」とは
1つの袋にまとめること

③ 1つのフォルダの中にプロジェクトや素材すべてが格納される

…

▶… モーションを書き出して素材にする

モーションさせたい部分が完成した場合、コンポジションのままで利用せず使いやすいデータに書き出すとパーツとして使いやすくなります。非圧縮MOVと連番ファイルの代表的な特徴を紹介します。

非圧縮MOV

アルファチャンネルは「ビデオ出力」の「カラー」で選択できる
（「アルファ」は透明情報だけを抜き出すので映像が見えなくなる。そのため「RGB+アルファ」《本体の映像+透明情報》を選択する）

アルファチャンネル

パーツの透明な部分をそのまま動画にすることが可能です。動画として扱えるため簡単にレイアウトなども確認できるようになります。

連番ファイル

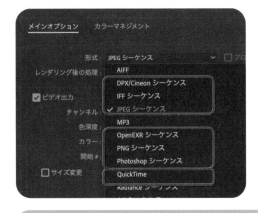

書き出しエラー対策

動画書き出しの場合エラーが出るとまた最初から書き出す必要がありますが、連番にするとエラーの部分だけ書き出せばよいので時間を短縮できます。

連番ファイルのメリット

連番ファイルはすべてのコマが画像として書き出されるので必要なコマだけ修正できます。

図解 モーションと物理

モーションをはじめる上でAfter Effectsの基本を学ぶのは大事なことですが、そもそもの自然の法則を理解しているとモーション表現により説得力を与えることが可能です。

▶… 自然な動きを考える

素材を動かす際に、その素材が重いのか軽いのか、何か力が働いているのかそうでないかを意識することで、より自然な印象を与えることが可能になります。

◉ 慣性の法則

宇宙空間で摩擦などがない場合は速度が変わらないので動きは一定になります。

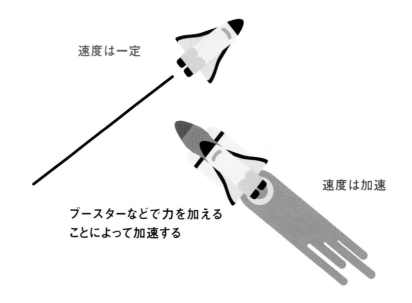

速度は一定

速度は加速

ブースターなどで力を加える
ことによって加速する

◉ 運動方程式

同じ力で大小のボールを転がした場合、質量の少ない小さいボールのほうが加速が速く、質量の多い球のほうが加速が遅くなります。

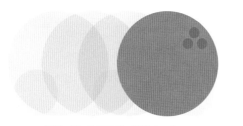

重い物体ほど加速しにくい

移動

オブジェクトを動かして移動する速度を
コントロールしてみましょう。

シンプルな直線移動をつくる

モーションの一番基本となる直線移動をつくります。ここでは速度を
手動で調整する操作まで行うので、After Effectsの基本的な使い
方を知っている方も、おさらいを兼ねて実践してください。

STEP 1 モーションの 準備をする

コンポジションと移動するオブジェクトの準備をしましょう。コンポジションは、フル HD
サイズ、「30」フレーム／秒、「1 秒 1 フレーム」のデュレーション、背景を「グレー」にし
ます。サイズとフレームレートは今後すべてこの設定で行います。

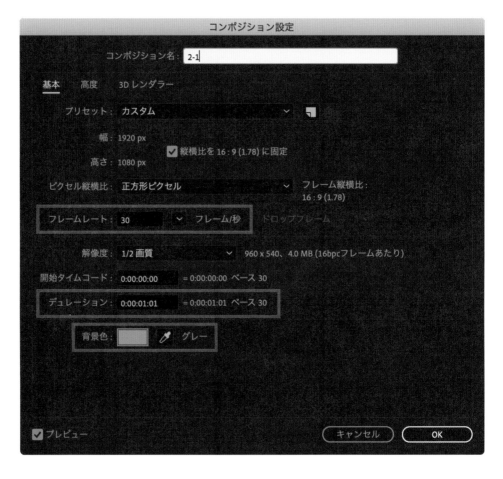

ダウンロード素材の「フッテージ」フォルダにある「ボール 01.png」を読み込みます。
このとき読み込みウィンドウにある「PNG シーケンス」がチェックされている場合はこれ
を外します。これは連番のファイル名になっている画像を一つにまとめて動画として読
み込むモードです。ここでは静止画として使用するのでチェックを外して一枚の画像とし
て読み込みます。読み込んだら [タイムライン] に配置して準備完了です。

「PNGシーケンス」のチェックを外す

「ボール01.png」を配置する

直線移動を
つくる

「ボール01」レイヤーを選択し、「P」キーを押して「位置」プロパティだけを開きます。続いて、最初の「0フレーム」に［時間インジケーター］があることを確認し、「位置」のストップウォッチマークをクリックしてキーフレームを設定します。

　ボールをスタート位置に移動しましょう。「位置」プロパティの左側の「X座標」の上をドラッグしてボールを画面の左に水平移動します。

25

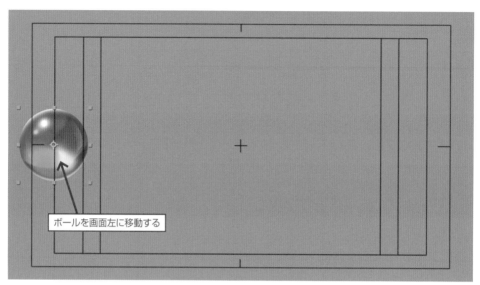

ボールを画面左に移動する

次に、[時間インジケーター] を最後の「1 秒」に移動し、「X 座標」の上をドラッグして
ボールを画面の右に水平移動させます。[コンポジション]パネルに表示されているボール
が水平移動し、移動の軌跡をしめすモーションパスが表示されます。

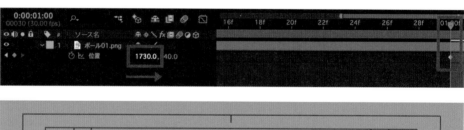

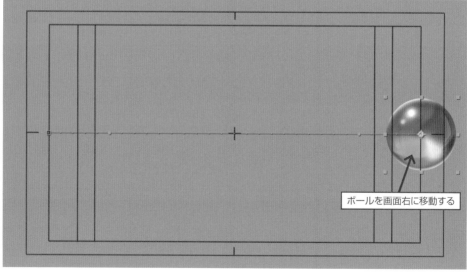

ボールを画面右に移動する

これでボールが画面の左から右へ移動するようになります。再生して確認してください。移動は等速度で、ボールの中心点の軌跡は図のようになります。

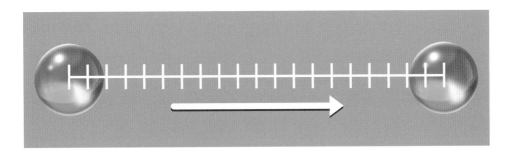

STEP 3 ゆっくり動かし
ゆっくり止める

　移動速度を変化させて、ゆっくり動き始め、ゆっくり止まるようにしてみましょう。ボールの中心点が図のように移動するようにします。

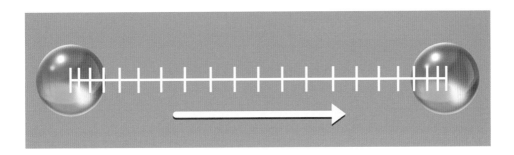

　最初の「位置」キーフレームを右クリックし、メニューの「キーフレーム補助」から「イージーイーズアウト」を選びます。「イージーイーズ」とは「簡単に緩やかにする」という意味で、「アウト」が付いているので「緩やかに出す」という設定です。

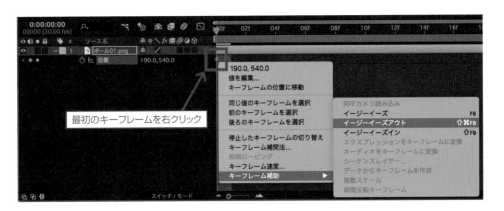

「イージーイーズアウト」にすると、キーフレームのマークが変化し、このキーフレームからの動き出しがゆっくりになります。ボールの中心点の軌跡は下図のように変化します。

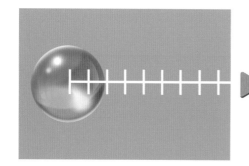 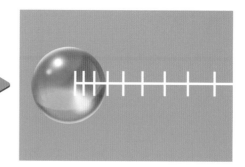

次に、最後のキーフレームを右クリックしてメニューの「キーフレーム補助」から「イージーイーズイン」を選びます。これは「緩やかに入る」という設定です。

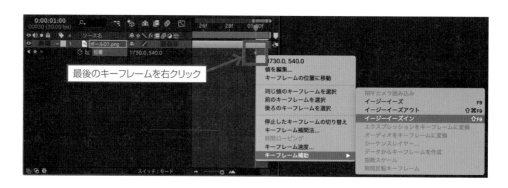

「イージーイーズイン」にするとキーフレームのマークが変化し、このキーフレームにゆっくり到着するようになります。ボールの中心点の軌跡は下図のように変化します。

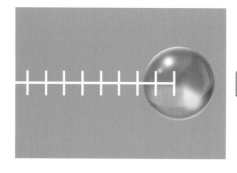 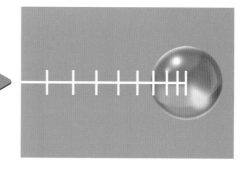

速度変化をグラフで見てみましょう。「位置」プロパティを選択した状態で［タイムライン］の「グラフエディター」ボタンをクリックし、表示をグラフに切り替えます。

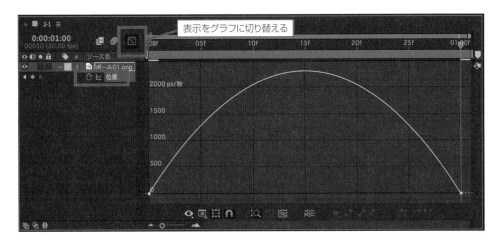

表示をグラフに切り替える

グラフエディターの下部にある「グラフの種類とオプションを選択」ボタンで、グラフが「速度グラフ」になっていることを確認してください。

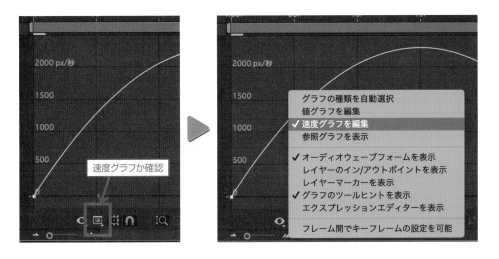

速度グラフか確認

- グラフの種類を自動選択
- 値グラフを編集
- ✓ 速度グラフを編集
- 参照グラフを表示

- ✓ オーディオウェーブフォームを表示
- レイヤーのイン/アウトポイントを表示
- レイヤーマーカーを表示
- ✓ グラフのツールヒントを表示
- エクスプレッションエディターを表示

- フレーム間でキーフレームの設定を可能

水平移動する速度のグラフは山なりになっていて、速度「0」から次第に速度を上げ、中間地点で緩やかに速度を変化させて最後は再び速度「0」になっています。これが、図のような軌跡でゆっくり動き始め、ゆっくり止まる移動の速度変化状態です。

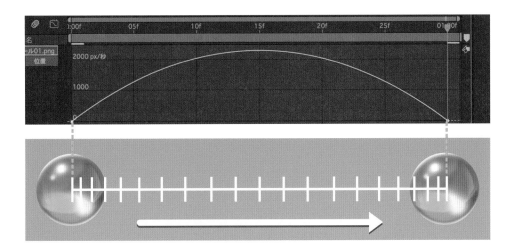

STEP
4

速度を手動で
設定する

　グラフエディターを使って手動で速度を変化させてみましょう。これから行うグラフ操作
ではカーブが大きく変化するので、常にグラフ全体が表示されるように「グラフの高さを自
動ズーム」が青色の「オン」になっていることを確認してください。

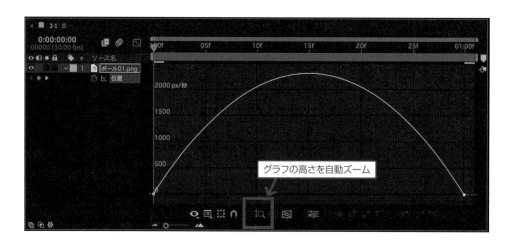

　まず、動き始めをさらにゆっくりにします。そのために、速度「0」から右上に登っていく
カーブをより緩やかにします。キーフレームから伸びているハンドルの先端を右にドラッグ
してハンドルを水平に伸ばすとカーブが緩やかになります。

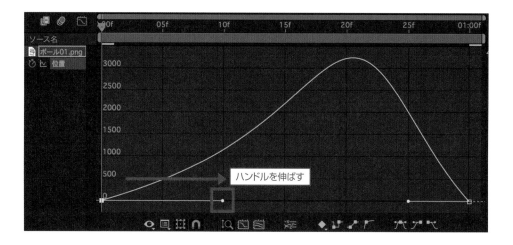

　続いて、最後のキーフレームから伸びているハンドルを左に伸ばし、こちらのカーブも緩
やかにします。

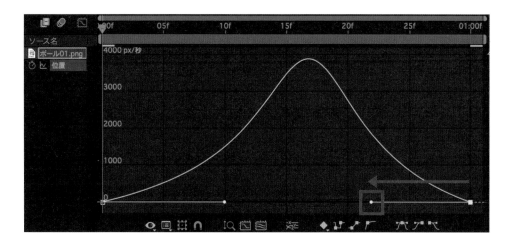

　緩やかな弓なりのグラフが、左右が緩やかで中央付近が急に盛り上がる形に変化しました。動き始めと動き終わりの緩やかさを同じにしたい場合は、ハンドルの長さを同じにします。グラフにはグリッドが表示されているので、ハンドルの長さのコマ数を合わせれば左右対称の形状になります。

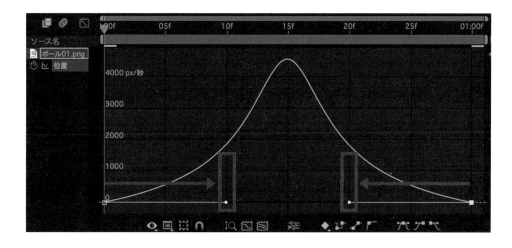

　ハンドル部分を拡大表示したい場合は「選択表示に合わせて表示」をクリックします。元に戻すときは隣の「すべてのグラフを全体表示」をクリックします。

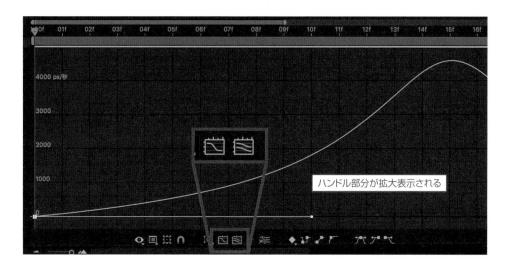

ハンドル部分が拡大表示される

変化具合を正確に同じにしたいときは、数値でハンドルの長さを揃えます。キーフレームをダブルクリックすると「キーフレーム速度」が現れます。この中の「影響」値がハンドルの長さです。最初のキーフレームで「出る速度」、最後のキーフレームで「入る速度」、の「影響」値を同じにすれば、完全に左右対称のグラフになります。

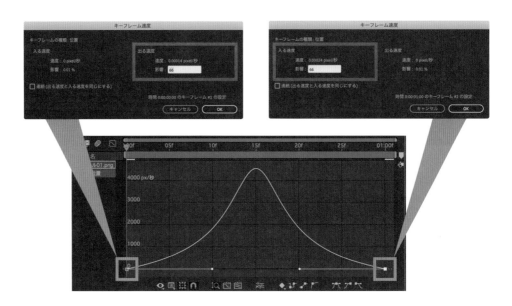

グラフの形状により移動速度がどのように変わるのか、たとえば図のようにグラフ曲線を変えて実際に動きを確かめてください。

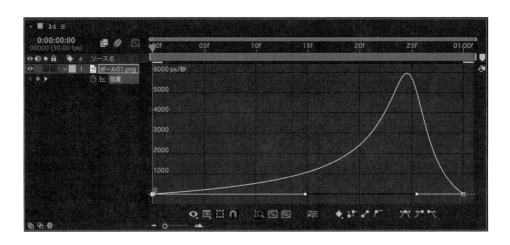

シンプルな曲線移動をつくる

山なりに移動するシンプルな曲線移動をつくってみましょう。先ほど
作成した直線移動を曲線移動に変えていきますが、このとき、モー
ションパスをきれいなカーブにすることがポイントになります。

STEP 1 曲線移動を
つくる準備をする

　はじめに「2-01 シンプルな直線移動をつくる」（P.24）で作成したものと同じ等速の直
線移動をつくります。図のような設定で、ボールが左から右に移動する動きです。

　ここからはモーションパスを操作するので、モーションパスが見やすいように色を変え
ましょう。モーションパスの色はレイヤーのラベルカラーと同じです。「ボール」レイヤーの
「ラベル」をクリックし、メニューからラベルカラーを指定します。ここでは「レッド」にしま
した。

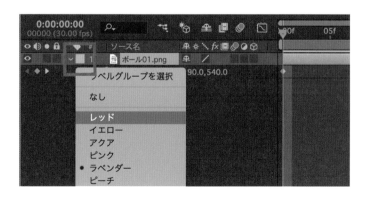

［タイムライン］のレイヤーの色と、モーションパスの色が赤くなります。

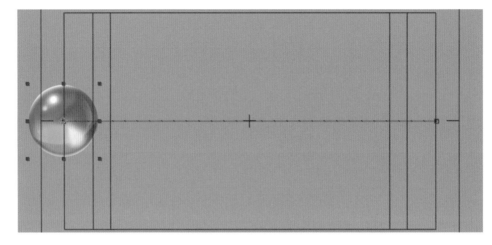

　直線移動を山なりの移動に変えるので、モーション全体を画面の下に移動しましょう。ま
ず「ボール」レイヤーの「位置」プロパティをクリックして2つのキーフレームを選択しま
す。続いて［コンポジション］パネルでどちらかのキーフレームをクリックし、「shift」キー
を押しながらドラッグして垂直に移動させてモーションパス全体を画面の下に移動します。
これで曲線移動をつくる準備ができました。

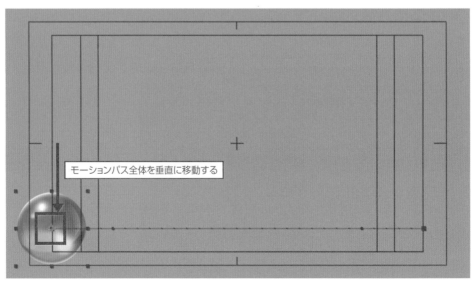

モーションパス全体を垂直に移動する

曲線のモーションパスを
つくる

キーフレームを選択した状態にしていると、キーフレームから伸びるハンドルが表示されます。このハンドルの先端をドラッグしてモーションパスを変形させます。

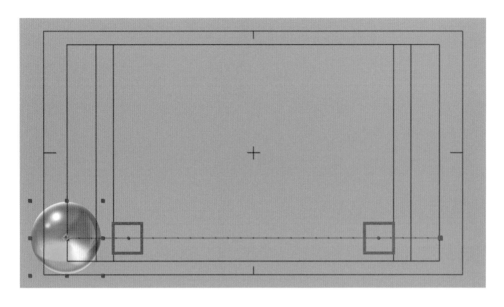

まず最初のキーフレームのハンドルを上にドラッグしてみましょう。そうするとモーションパスが直線から曲線に変わります。

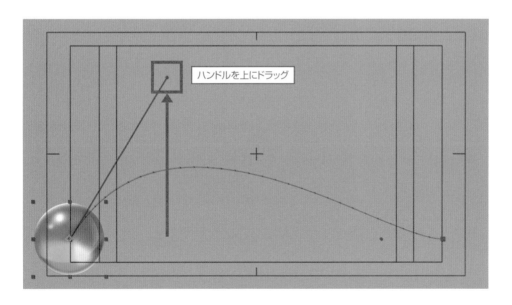

ハンドルを上にドラッグ

最後のキーフレームのハンドルも上にドラッグすると、モーションパスが山なりになります。

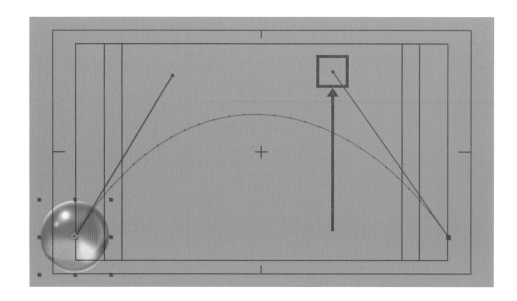

　左右のハンドルの角度と長さが同じであれば、モーションパスは左右対称のきれいな曲線になります。その目安のために、[コンポジション] パネルにグリッドを表示しましょう。「ビュー」メニューの「グリッドを表示」を選ぶとグリッドが表示されます。このグリッドを目安にしてハンドルの角度と長さを揃えます。揃え終わったら、再び「ビュー」メニューの「グリッドを表示」を選んでグリッドを消します。

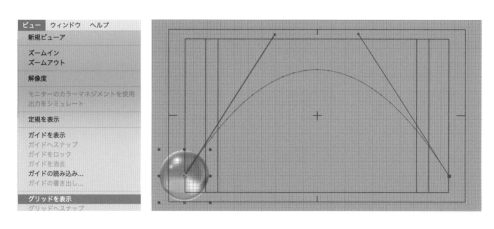

　グリッドの色や間隔は [環境設定] の「グリッド&ガイド」で変更することができます。

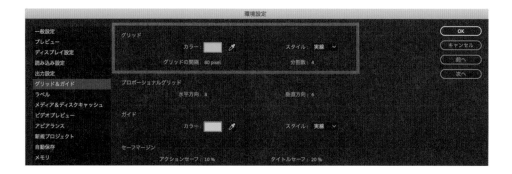

これでボールが画面の左から右へ山なりに移動するようになります。再生して確認してください。このモーションはこの後の項でも使用するので保存しておいてください。

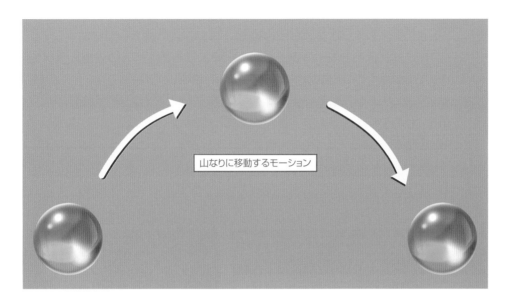

山なりに移動するモーション

ここでのポイントは、最初と最後の2つのキーフレームで山なり曲線のモーションパスをつくっていることです。こうすることで、傾斜をなだらかにしても急にしても、頂点のカーブは常にスムーズになります。複雑なカーブをつくる際は、なるべく少ないキーフレームでハンドルをうまく操作してきれいな曲線を描くようにしてください。

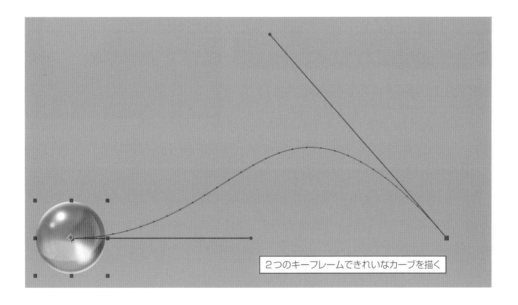

2つのキーフレームできれいなカーブを描く

図解 きれいなカーブを描くコツ

モーションパスは動きの軌跡です。きれいなカーブのモーションパスほどきれいな動きになります。ここではパスの描画に焦点を絞ってきれいなカーブを描くコツを説明します。

▶ ··· パスを操作しやすくする

パスの表示を変えてハンドル操作をやりやすくしましょう。

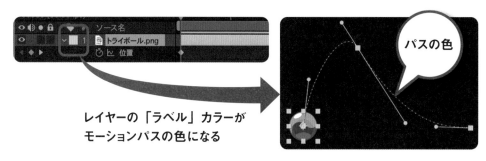

レイヤーの「ラベル」カラーが
モーションパスの色になる

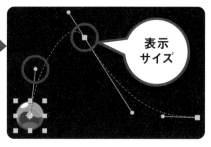

「環境設定」ダイアログの「一般設定」→「パスポイントとハンドルサイズ」で表示を大きくする

▶ ··· ハンドル操作は大胆に

カーブによってはハンドルを画面の外まで大きく伸ばす必要があります。きれいなカーブを描くためには思い切って大胆なハンドル操作をしましょう。

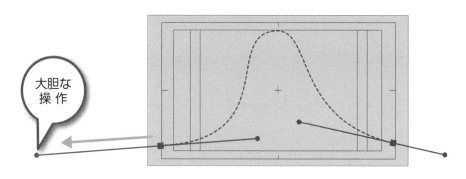

大胆な
操 作

TRY！

ダウンロード素材の「トライ」フォルダにある「下絵_02.png」と「トライボール.png」を読み込み、最初と最後の2つのキーフレームを設定した後にモーションパスのハンドルを大胆に操作して下絵と同じモーションカーブを描いてください。

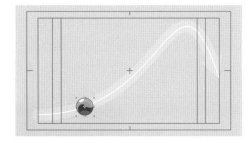

▶…少ないポイントでカーブを描く

きれいなカーブを描くコツはポイントを少なくすることです。まずはシェイプツールでカーブの描画とポイントの追加に慣れましょう。

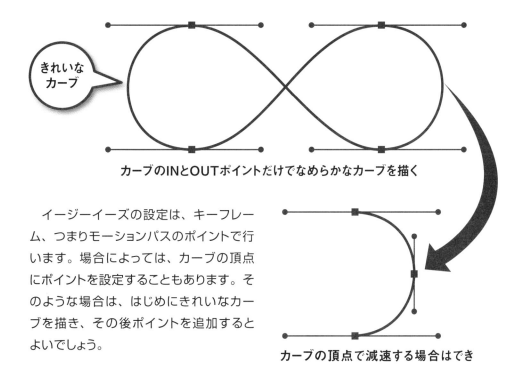

きれいなカーブ

カーブのINとOUTポイントだけでなめらかなカーブを描く

イージーイーズの設定は、キーフレーム、つまりモーションパスのポイントで行います。場合によっては、カーブの頂点にポイントを設定することもあります。そのような場合は、はじめにきれいなカーブを描き、その後ポイントを追加するとよいでしょう。

カーブの頂点で減速する場合はできあがったカーブにポイントを追加する

TRY！

ダウンロード素材の「トライ」フォルダにある「下絵_01.png」と「トライボール.png」を読み込んで、ボールを下絵と同じカーブで動かしてください。モーションパスは「2-05 シェイプツールで軌跡をつくる」（P.56）を参照してつくります。回る方向はどちらでもかまいません。最初は等速、次にカーブの頂点でイージーイーズにしてみましょう。

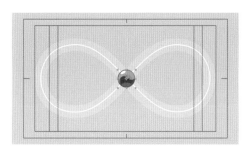

▶… 鋭角のモーションパス

バウンドのモーションパスでは着地点でカーブが鋭角に曲がります。この場合、ハンドルをポイントに収めたり折る曲げることでモーションパスを鋭角にします。そのとき使用するのが「頂点を切り替えツール」です。

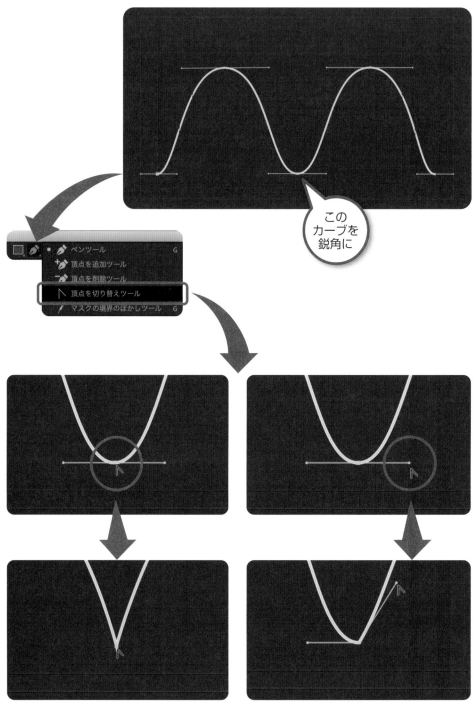

ポイントをクリックしてハンドルを収める　　　　ハンドルを折り曲げて鋭角にする

ダウンロード素材の「トライ」フォルダにある「下絵
_03.png」と「トライボール.png」を読み込み、ボー
ルを下絵と同じカーブで動かしてください。

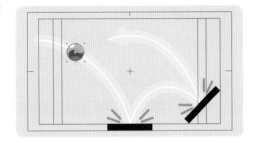

ここまでのカーブ作成のコツを合わせてボールがバウンドするモーションカーブをつくってみましょう。まず、新
規シェイプレイヤーをつくってシェイプツールで下絵に沿ったカーブを描画します。下図の赤線は実際のパス
例です。その後シェイプのパスを「トライボール」レイヤーの「位置」プロパティにコピー&ペーストしてモーショ
ンパスにします。詳しい操作方法は「2-05 シェイプツールで軌跡をつくる」（P.56）を参照してください。

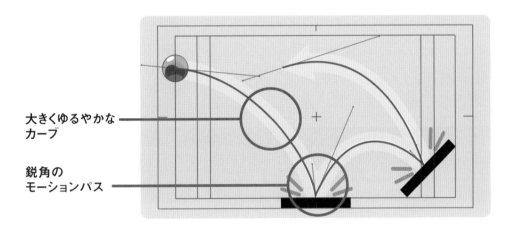

**大きくゆるやかな
カーブ**

**鋭角の
モーションパス**

うまく動かせたでしょうか？　最後に、カーブを描くコツからは離れてしまいますが、きれいなカーブのモーショ
ンをよりリアルに見せるためにさらに手を加えてみましょう。

■ モーションブラーを加える

「トライボール」レイヤーの「モーションブラー」を
「オン」にして、動きの速さに応じたブレを加えます。

■ ボールを回転させる

「回転」プロパティの最初と最後のフレームにキーフレームを設定し、最初のキーフレーム値を「0×+0.0」、
最後のキーフレーム値を「1×+0.0」にしてボールを一回転させます。

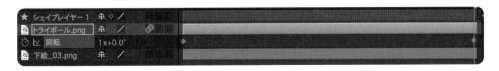

動きがよりリアルになることを確認してください。これで完成です。

2

移動

03 常に進行方向を向かせる

移動する物によっては、車や飛行機といった乗り物のように常に進行
方向を向いていないと不自然な物もあります。これらを動かす場合
は、常に進行方向を向かせる設定をする必要があります。

STEP 1 曲線移動するオブジェクトを 差し替える

「2-02 シンプルな曲線移動をつくる」（P.33）でつ
くったモーションを使いましょう。元のプロジェクトも
残しておきたいので、[プロジェクト]パネルでコンポジ
ションを選択し、「編集」メニューの「複製」を選んでコ
ンポジションを複製します。

ここからは複製したコンポジションで操作を行いま
す。コンポジションの内容は「2-02 シンプルな曲線
移動をつくる」でつくった山なりのモーションです。

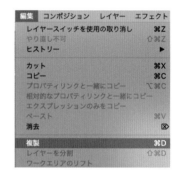

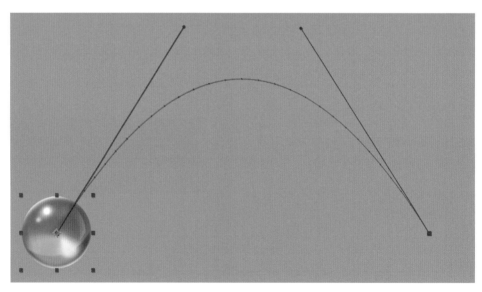

移動するボールをロケットに変えてみましょう。そのためにまず、ダウンロード素材の「フッテージ」フォルダにある「ロケット.png」を読み込みます。

[タイムライン]の「ボール」レイヤーを選択し、その状態で「ロケット.png」を、Windowsでは「Alt」、macOSでは「option」を押しながらレイヤー上にドラッグ&ドロップします。そうすると、「位置」プロパティで設定した動きの情報を残したままボールがロケットに差し変わります。

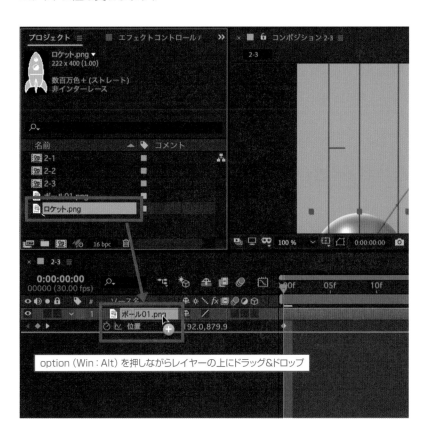

option（Win：Alt）を押しながらレイヤーの上にドラッグ&ドロップ

　再生すると、ロケットが上を向いたまま山なりに移動します。これはロケットらしからぬ動きです。そこで、ロケットが常に進行方向を向くように設定します。

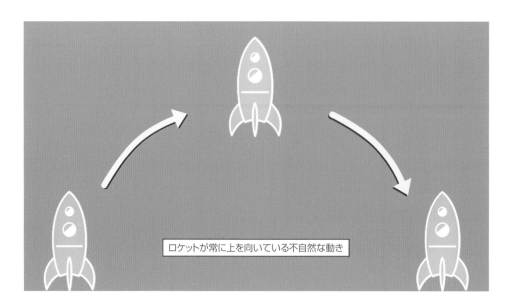

ロケットが常に上を向いている不自然な動き

自動方向を
設定する

　[時間インジケーター] の場所はどのフレームでもかまいません。ここでは先頭フレームでの操作で説明します。まず、「ロケット」レイヤー、もしくは [コンポジション] パネル上のロケットを右クリックし、メニューの「トランスフォーム」から「自動方向」を選びます。

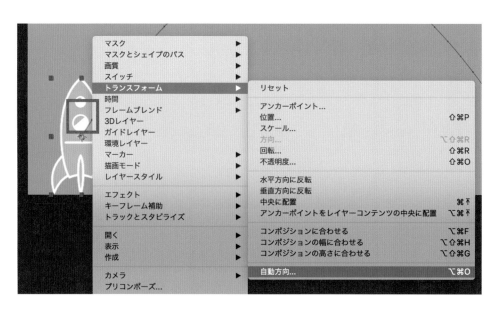

　「自動方向」ウィンドウが開くので、「パスに沿って方向を設定」にチェックを入れて「OK」をクリックします。

　ロケットの向きが変わるので、モーションに沿った正しい向きにします。そのために、「R」キーを押して「回転」プロパティを開き、角度の数値の上をドラッグしてロケットを回転させます。ロケットの先端がモーションパスの上にくれば完了です。

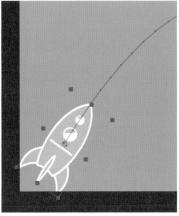

　再生して、ロケットの向きがモーションパスに沿って変化し、常に進行方向を向くようになっていることを確認します。

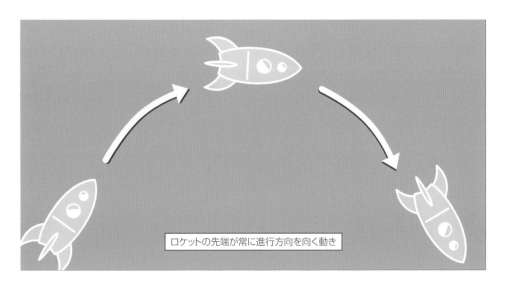

ロケットの先端が常に進行方向を向く動き

04 バウンドさせる

先につくったモーションは等速の動きです。実際に放り投げたボールでは重力による影響が出ます。次はそのような重力変化をつけてバウンドしながら進むボールの動きをつくってみましょう。

STEP
1

放物線の動きを
理解する

　真上に投げたボールを想像してください。ボールの速度は重力で次第に遅くなり、頂点で停止して落下が始まると再び速度が上がっていきます。ボールの中心点の軌跡は図のようになります。

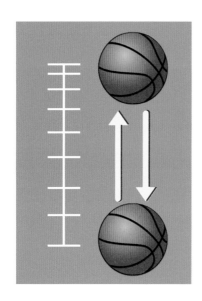

　次にキャッチボールの動きを見てみましょう。ボールの上下方向の速度は前述の通り頂点を境に減速・加速します。しかし横方向の動きは上下方向ほど重力の影響は受けません。垂直と水平方向に別けたボールの中心点の軌跡は図のようになります。

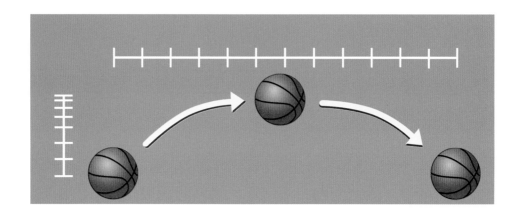

つまり、放物線の動きをつくる場合は、水平（X）方向と垂直（Y）方向の速度変化を個別につける必要があることになります。しかし、速度変化のイージーイーズを設定する「位置」プロパティは、通常は「X」と「Y」値を一括管理しています。

そこで、「位置」プロパティを右クリックし、メニューの「次元に分割」を選んで「位置」プロパティを「X 位置」と「Y 位置」の 2 つのプロパティに分離します。これで放物線の動きをつくる準備ができました。

STEP 2 バウンドの軌跡を
つくる

連続でバウンドしながら進むボールの動きをつくってみましょう。仕上がりの動きは図のようになります。

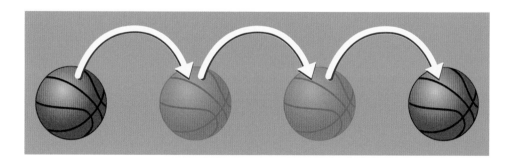

コンポジションのデュレーションは少し長めの「3 秒 1 フレーム」にします。続いて、ダウンロード素材の「フッテージ」フォルダにある「ボール 02.png」を読み込んで［タイムライン］に配置します。

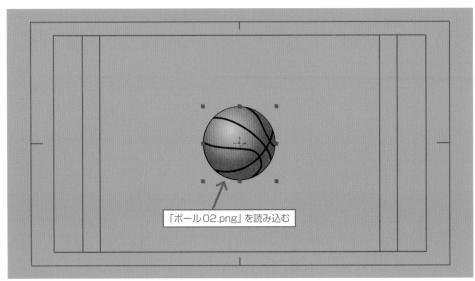

「ボール02.png」を読み込む

まずはじめに、ボールが画面の左から右に移動する動きをつけます。ボールを画面左下に配置した後、「位置」プロパティを「X位置」と「Y位置」の2つに分離し、最初のフレームで「X位置」と「Y位置」の両方にキーフレームを設定します。

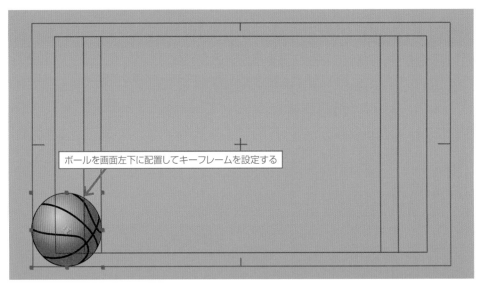

ボールを画面左下に配置してキーフレームを設定する

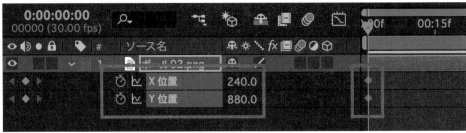

次に［時間インジケーター］を最後のフレームに移動し、［コンポジション］パネルでボールを画面右まで水平移動します。そうすると、「X位置」と「Y位置」の両方のプロパティにキーフレームが設定されます。

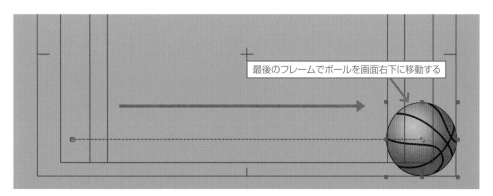

ボールを3回バウンドさせましょう。横移動の動きはすでにつけてあるので、後は上下する動きを加えればバウンドになります。したがってここからの操作は「Y位置」プロパティのみで行います。まずバウンドで着地するキーフレームです。等間隔でバウンドさせることにして、「1秒」「2秒」「3秒」の3箇所に「Y位置」のキーフレームを設定します。

次にバウンドの頂点のキーフレームです。「15フレーム」に［時間インジケーター］を移動して「Y位置」の数値の上をドラッグしてボールを上に上げます。そうすると、自動的にキーフレームが設定され、ボールがジャンプする動きになります。

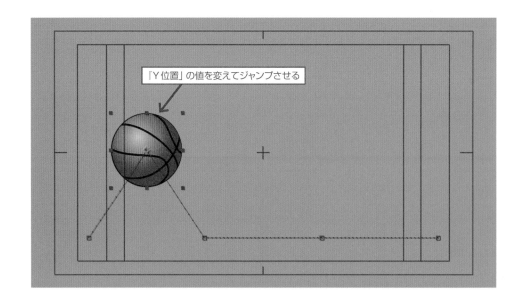

　バウンドを繰り返しましょう。まず「15フレーム」の「Y位置」キーフレームを選択して
コピーします。次に［時間インジケーター］を「1秒15フレーム」と「2秒15フレーム」
の位置に移動し、その都度ペーストします。これでバウンドの元となるジグザグの動きが完
成しました。再生して動きを確認してください。

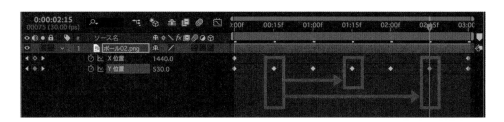

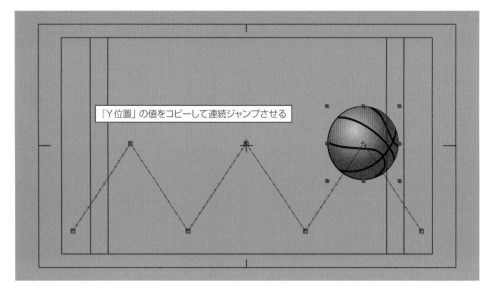

　重力の影響を受ける動きにするために、頂点のキーフレームを右クリックし、メニューの
「キーフレーム補助」から「イージーイーズ」を選びます。これで、このキーフレームにゆっ
くり入って、ゆっくり出て行く、真上に投げたボールの頂点での速度変化と同じ動きになり
ます。

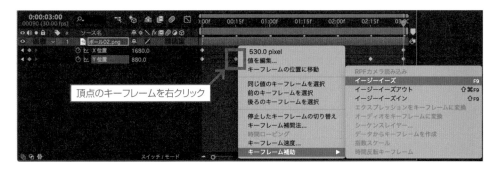

キーフレームが「イージーイーズ」のマークに変わり、モーションパスが曲線になります。

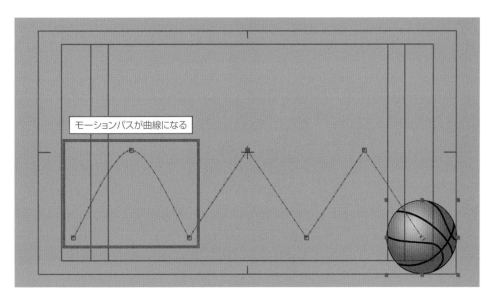

「1秒15フレーム」と「2秒15フレーム」のキーフレームも同様に「イージーイーズ」にします。これでバウンドの動きが完成です。再生して動きを確認してください。

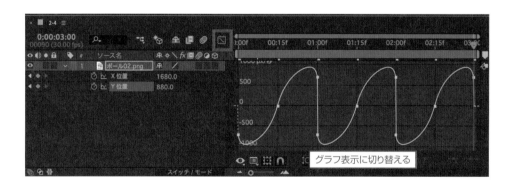

STEP 3 速度を手動で設定する

ここからはモーションの最終調整に関する細かいことなので、自分のつくる動きにこだわりを持ちたい方のための解説になります。まず、「Y位置」プロパティを選択して「グラフエディター」をクリックし、[タイムライン] を [グラフエディター] に切り替えてください。

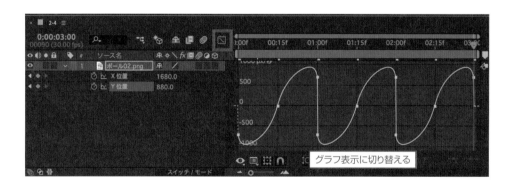

グラフ表示に切り替える

「グラフの種類とオプションを選択」で「速度グラフ」になっていることを確認してグラフを見ると、着地の前後で速度が最大値になっていることがわかります。

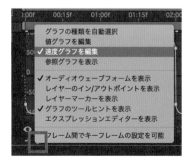
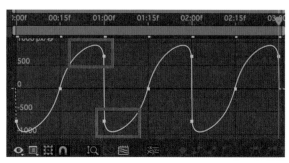

バウンドは着地時の速度が最大値になるはずなので、グラフをそのように調整します。具体的には、着地のキーフレームをドラッグして速度を上げるだけです。「Y位置」のグラフは「0」を境に値が上下にわかれていますが、どちらも「正」の値です。なので、上にあるキーフレームは上に、下にあるキーフレームは下にドラッグします。

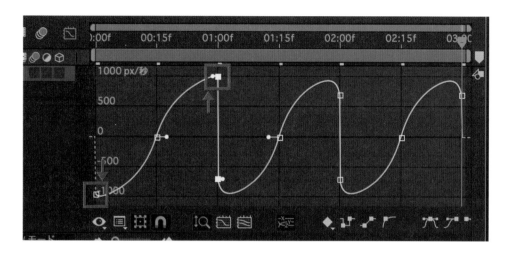

すべての着地キーフレームの値を最大値にします。このとき、キーフレームマークではなくハンドルをドラッグすると、前のキーフレームと同じ値になったときに表示が出てその値にスナップされるので便利です。グラフが図のようになれば完了です。

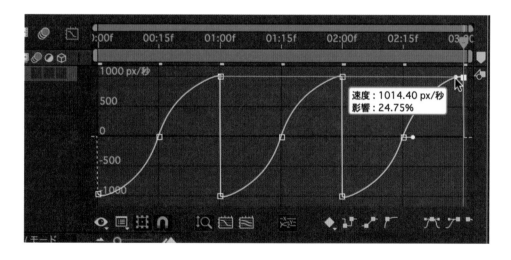

再生してバウンドを確認してください。先ほどのバウンドに比べて着地にインパクトが出ます。微妙な違いなので変化に気づかないかもしれませんが、こういった細かいこだわりが重なるとクオリティの高い洗練されたモーションになります。

モーションブラーを加える

モーションの仕上げに動きをリアルに見せるためのブラー効果を加えます。「ボール」レイヤーの「モーションブラー」をクリックして「オン」にし、[列] にある「モーションブラー」が青色の「アクティブ」になっていることを確認します。

これで、ボールに動きの速さに応じたブラーがかかるようになります。バウンドのモーションはこれで完成です。

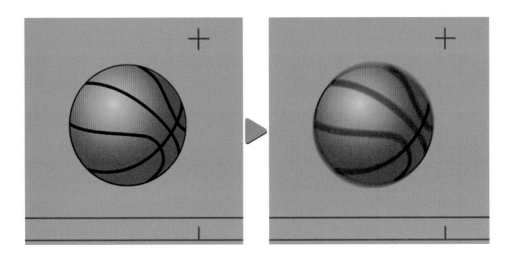

この「モーションブラー」はビデオカメラで動く物を撮影したように、早い動きは大きくブレて、少ない動きはブレません。ブレの量は自動的に適用されるので、単に「モーションブラー」を「オン」にするだけでリアルに見える動きになります。ここでは詳しく説明しませんが、ブラーのかかり具合は「コンポジション設定」の「高度」タブにある「モーションブラー」で変更できます。

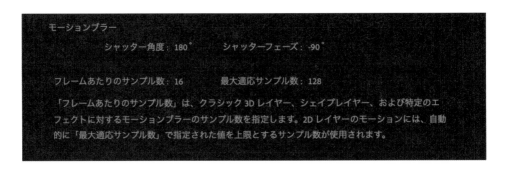

M E M O　よりリアルなバウンドにする

ボールがバウンドするモーションをよりリアルに見せるために「回転」プロパティを使ってボール
を回転させます。方法はキーフレームを使う方法とエクスプレッションを使う方法の2通りあります
が、ここではキーフレームで回転させてみましょう。最初と最後のフレームに「回転」のキーフ
レームを設定し、最後のキーフレームの値を「1 × +0.0」にして1回転させます。再生してその効
果を確認してください。

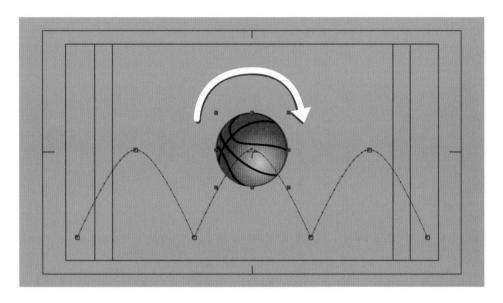

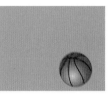

05 シェイプツールで軌跡をつくる

より複雑な動きをつくるためにシェイプツールでモーションパスを描いてみましょう。別レイヤーでパスをつくるので、じっくりパス形状を調整したり、数パターンのパスをつくって比べることができます。

STEP 1 シェイプツールで図形を描く

「2-04 バウンドさせる」（P.46）と同じくデュレーションが「3秒1フレーム」のコンポジションを作成し、「レイヤー」メニューの「新規」から「シェイプレイヤー」を選んで新規シェイプレイヤーを追加します。

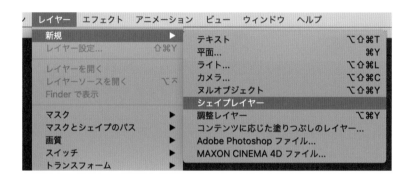

これから描画するパスとハンドルが見やすいように「シェイプレイヤー」の「ラベル」カラーを「レッド」にします。

［ツール］で「ペンツール」を選び、「塗り」と「線」の設定をします。ここでは、「塗り」を「なし」、「線」を「単色／白色／10px」にしました。

ペンツールで［コンポジション］パネル上に図のような曲線を描画しましょう。最初はラフでもかまいません。

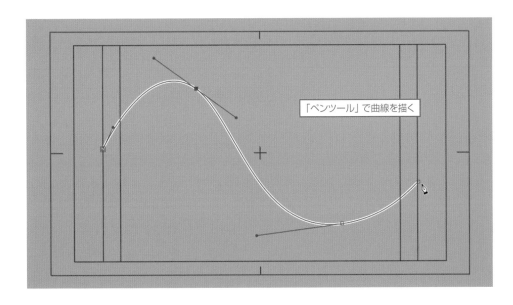

「ペンツール」で曲線を描く

「ペンツール」はクリックでポイント。ドラッグでハンドルが設定されます。

　描画を終了する場合は最後のポイントでダブルクリックします。描画したシェイプはひとつの図形として取り扱われ、通常の操作では他の図形と同じように、移動、拡大、回転、が行われます。

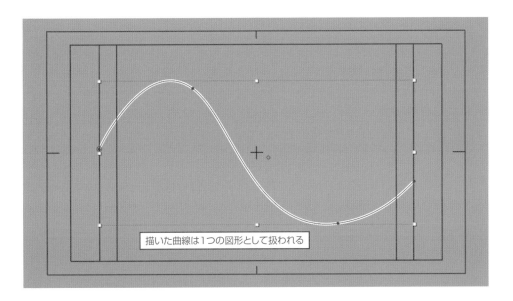

描いた曲線は1つの図形として扱われる

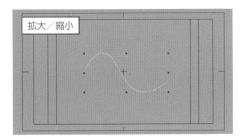

拡大／縮小

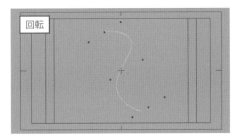

回転

曲線の形状を整える場合はパスのポイントのハンドルを使います。曲線上をダブルクリックしてポイントを表示し、そのポイントをクリックするとハンドルが現れます。

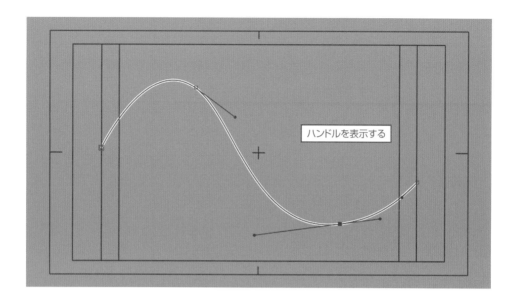

ハンドルを表示する

曲線上をうまくダブルクリックできない場合は「シェイプレイヤー」を開き、「シェイプ」を選択してポイントを表示します。

ポイント自体をドラッグしたりハンドルをドラッグして曲線の形状を整えます。この曲線がモーションパスになります。

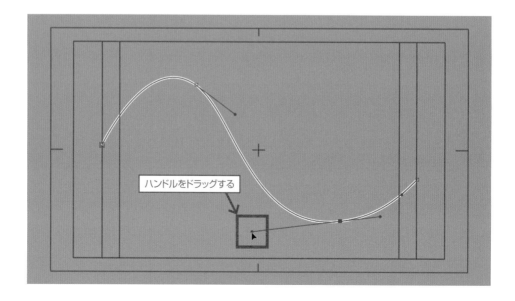

ハンドルをドラッグする

STEP
2

シェイプを
モーションパスにする

シェイプの曲線で動かすオブジェクトを配置します。ダウンロード素材の「フッテージ」
フォルダにある「UFO.png」を読み込んで [タイムライン] に配置します。

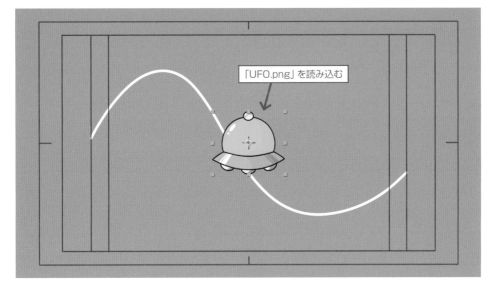

描画した曲線を UFO のモーションパスにします。その準備としてまず「UFO」レイヤー
を選択した状態で「P」キーを押して「位置」レイヤーを開きます。続いて「シェイプレイ
ヤー」を開き、「コンテンツ／シェイプ／パス」の中にある「パス」を出します。この「パス」
を UFO の「位置」キーフレーム（＝モーションパス）に適用するわけです。[時間インジ
ケーター] は最初のフレームにしておきます。

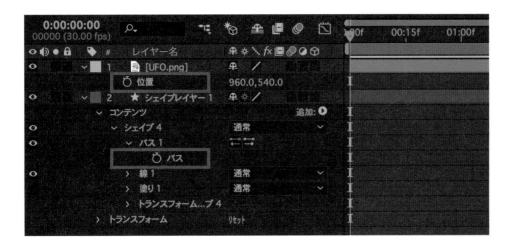

「シェイプレイヤー」の「パス」プロパティを選択して「コピー」します。続いて「UFO」レイヤーの「位置」プロパティを選択して「ペースト」を実行します。そうすると、「位置」プロパティにキーフレームが設定されます。

[コンポジション] パネルを見ると、シェイプと同じ形状のモーションパスが生成されて、UFO がパスの最初の位置に移動しています。

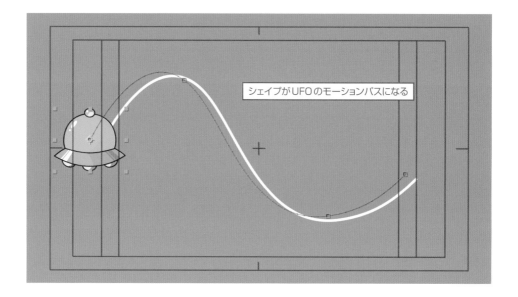

ここからはシェイプは必要ないので、レイヤーの表示を「オフ」にします。

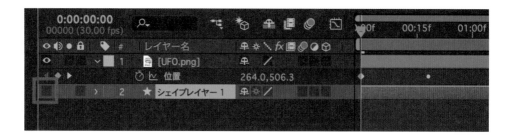

「UFO」の「位置」キーフレームを見ると、中間のキーフレームが丸印になっています。これはキーフレームの補間が「時間ロービング」という設定になっているからで、キーフレームを右クリックすると「時間ロービング」にチェックが入っています。

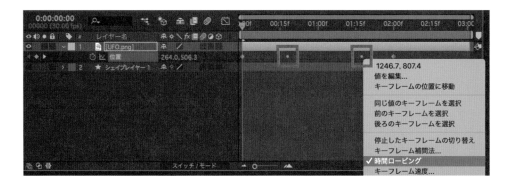

動きの速度を
調整する

　複雑なモーションパスの速度調整に便利な「時間ロービング」機能を説明します。まず最初に描画したシェイプで曲線のポイント間の距離を見てください。1～2番目と3～4番目のポイント間は短く、2～3番目のポイント間は長いことがわかります。

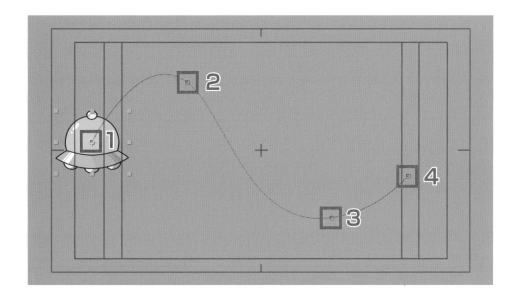

　このポイントのキーフレームを［タイムライン］で均等配分すると、同じ時間で短い距離と長い距離を進まなければならないので、2～3番目のポイント間の速度は速くなり、中心位置の軌跡は図のようになります。

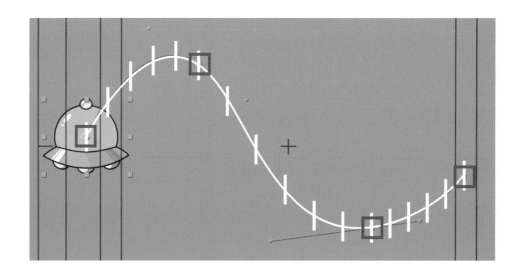

　モーションパス内の速度を均等にするためには、[タイムライン] での中間キーフレームの位置を移動距離に合わせて調整する必要があります。具体的には、移動距離の短いキーフレーム間は狭く、移動距離の長いキーフレーム間は広くするわけです。この操作を自動的に行ってくれるのが「時間ロービング」です。先ほどシェイプパスをコピーペーストした「UFO」レイヤーの「位置」プロパティのキーフレームを見てみると、キーフレームの位置が均等割りされておらず、移動距離に合わせて時間調整されています。これによりモーションパス内の速度は均等になります。

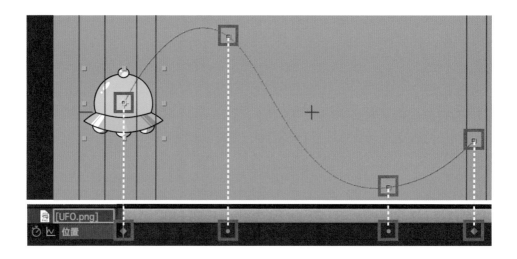

　全体の移動の速度を変えたい場合は、[タイムライン] で最後のキーフレームをドラッグします。それだけで「時間ロービング」が設定された中間のキーフレームは常に等速になるように連動して移動します。

これでシェイプパスでつくるモーションパスが完成しました。

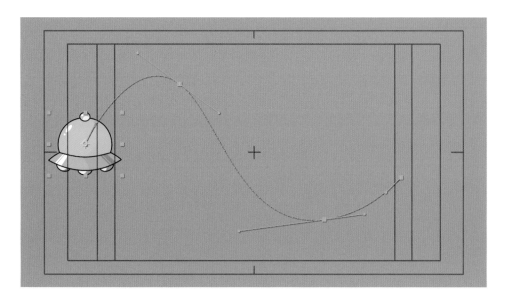

　ここではシェイプツールでシンプルな曲線を描きましたが、もちろん複雑な曲線を描いてそれをモーションパスにすることもできます。シェイプツールでモーションパスをつくる利点は、線の太さや色を簡単に設定できるので図形を描きやすいという点にあります。下絵を読み込んでそれをなぞる、ということもできます。シェイプツールを使って思い通りのモーションパスを作成してください。

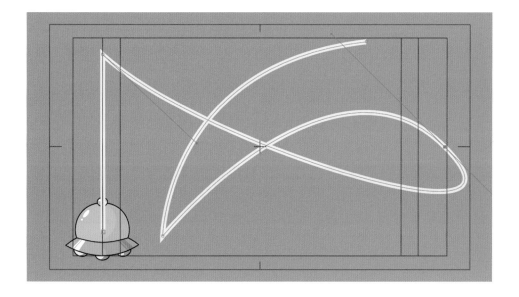

M E M O 時間ローピング

「位置」キーフレームを設定してつくる通常のモーションパスでも「時間ローピング」は適用できます。中間のキーフレームを右クリックし、メニューの「時間ローピング」にチェックを入れるだけです。そうすると、速度が均等になるようにキーフレーム位置が自動的に移動します。

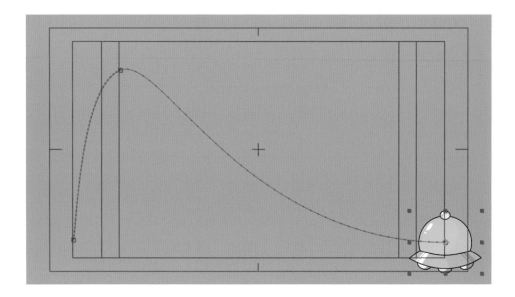

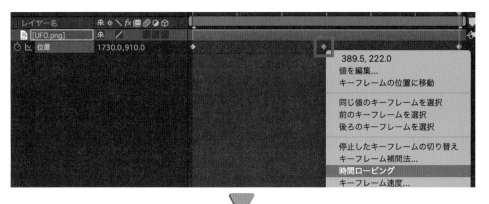

06 ランダムに動かす

「エクスプレッション」というスクリプト機能でプロパティ値をコントロールすることができます。最も多く使われる「オブジェクトをランダムに動かす」という命令を実践してみましょう。

STEP 1 ランダム値を設定して動かす

コンポジションのデュレーションは「3秒」に設定します。次にダウンロード素材の「フッテージ」フォルダにある「ボール03.png」を読み込んで配置します。

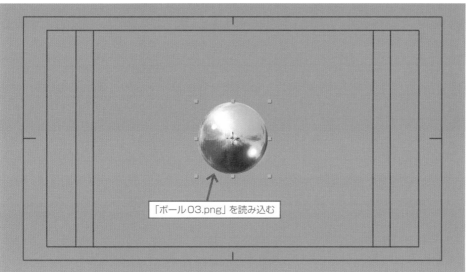

「ボール03.png」を読み込む

「ボール」レイヤーを選択し、「P」キーを押して「位置」プロパティを開きます。「位置」プロパティは「(X位置),(Y位置)」の2つの値で構成されています。これらの値を1フレームごとにランダムに変えれば、ボールがランダムに動くわけです。

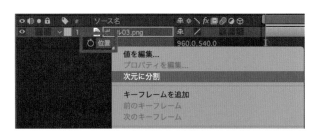

いきなり2つの値をコントロールするのは難しいので、「X位置」だけをランダムに変えて水平方向に動かしてみましょう。そのために「位置」プロパティを右クリックして「次元に分割」を選び、プロパティを「X位置」と「Y位置」に分けます。

「X位置」の値をランダムに変えたいので、このプロパティにエクスプレッションを追加します。「X位置」のストップウォッチマークをWindowsは「Alt」、macOSは「option」を押しながらクリックすると「X位置」にエクスプレッションが追加され、[タイムライン]にエクスプレッションの入力フィールドが現れます。

入力フィールドにエクスプレッションを入力します。慣れればスクリプトを直に入力するようになりますが、今回はプリセットの中から選びましょう。レイヤーの「エクスプレッション:X位置」の右側にあるメニューマークをクリックし、メニューの「Random Numbers」から「random()」を選びます。「Random」とは文字通りランダム値を発生させるための命令文で、「random()」は（ ）の中に最小値と最大値を指定するだけの簡単なスクリプトです。

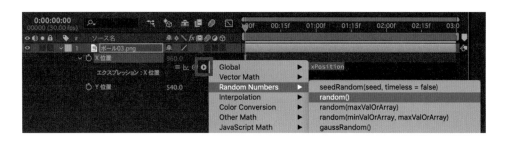

エクスプレッションの「()」の中にランダムで生成する最小値と最大値を入力し、「,」で区切ります。フルHDサイズの場合、画面中央のX位置は「960」です。ここでは画面中央で左右に「300」揺らすことにしましょう。したがって、最小値は「960-300」=「660」、最大値は「1200」になり、エクスプレッションに

```
random(660,1260)
```

と入力します。

再生するとボールが水平にランダムに動きます。実際に再生してみてください。これがエクスプレッションによるプロパティ値の制御です。

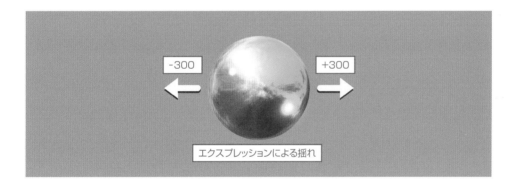

エクスプレッションによる動きはコンポジションの長さやキーフレームに関係ない永久運動です。したがって他のプロパティのキーフレームモーションと組み合わせることができます。たとえば、エクスプレッションを設定していない「Y位置」をキーフレームで画面の下から上に動かしたとします。

そうするとボールは左右にランダムに動きながら上昇していきます。

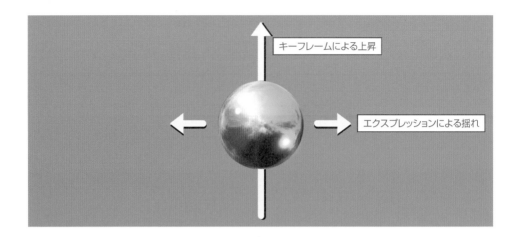

MEMO 位置のランダムスクリプト

「X位置」と「Y位置」の両方にランダム値を与える場合は「位置」プロパティにエクスプレッション
を追加して下記のように記述します。

```
x=random((最小値),(最大値));y=random((最小値),(最大値));[x,y]
```

STEP 2 揺れ幅と揺れ頻度を 設定して動かす

「random」はあらゆるプロパティに適用できる万能スクリプトですが、ランダム値の発生
が1フレーム単位の細かい動きになります。次に実践するエクスプレッションでは「揺れ
る頻度」が設定できます。では実践してみましょう。新たなコンポジションで同じ「ボール
03.png」を配置してください。

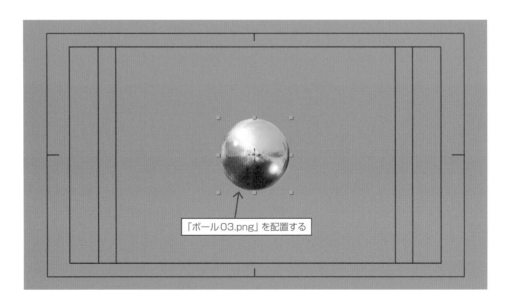

「P」キーで「ボール」レイヤーの「位置」プロパティを開き、ストップウォッチマークを Windows は「Alt」、macOS は「option」を押しながらクリックしてエクスプレッションを追加します。ここにボールを揺らすエクスプレッションを入力しますが、記述は「wiggle((揺れる頻度),(揺れ幅))」です。「wiggle」とは「小刻みに動く」という意味で、「1 秒間に 10 回」、現在の位置を中心に上下左右に「300」の幅で揺らしたい場合は

```
wiggle(10,300)
```

と入力します。

再生すると、図のようなイメージでボールが上下左右にランダムに揺れます。

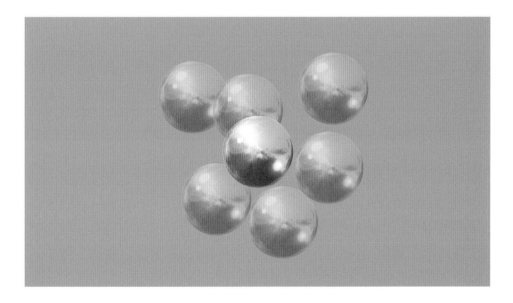

「揺れる頻度」と「揺れ幅」の組み合わせだけで、激しく振動する動きから漂うチリのような動きまで数多くの動きをつくることができます。2 つの値を変えて動きの変化具合を試してみてください。

揺れながら
移動する

　同じプロパティでエクスプレッションとキーフレームを組み合わせることもできます。この「wiggle」エクスプレッションでは、キーフレームと併用することで揺れながら動くようになります。図のようなイメージの動きです。

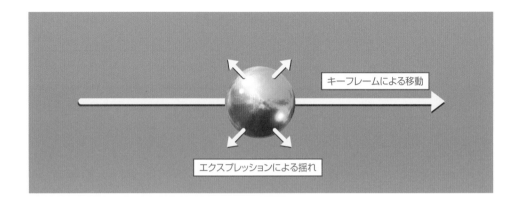

　先ほどのエクスプレッションを追加した「位置」プロパティにキーフレームを設定して移動させます。

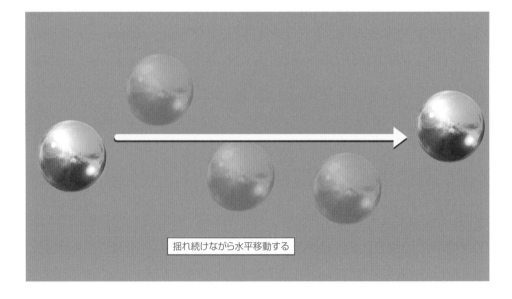

　再生すると、ボールは中心点から指定した頻度と幅で揺れ続けながら、キーフレーム通りに水平移動します。実際に動きを確認してください。

STEP 4 立体に
動かす

エクスプレッションは 3D レイヤーにも有効なので、奥行きに向かって揺らすこともできます。実際にやってみましょう。新しいコンポジションに「ボール 03.png」を配置し、「ボール」レイヤーの「3D レイヤー」を「オン」にします。

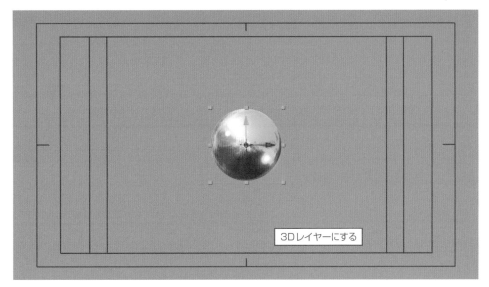

3D レイヤーなので「位置」プロパティに「Z 位置」が追加されています。ストップウォッチマークを Windows は「Alt」、macOS は「option」を押しながらクリックしてエクスプレッションを追加し、先ほどと同じ

```
wiggle(10,300)
```

と入力します。

再生すると、図のようなイメージで先ほどの 2D レイヤーの動きに拡大/縮小が加わったように見えます。これが奥行き方向の揺れです。

立体的に揺れる

揺れの頻度を少なくして、揺れ幅を大きくしてみましょう。ここでは

```
wiggle(2,700)
```

にしました。そうすると、ゆっくりで移動量の大きな動きになるので立体的な動きがわかるようになります。実際に試してください。

ゆっくり大きな動きになる

M E M O キーフレームを使ったランダムな動きのつくり方

エクスプレッションを使わず、キーフレームでランダムな動きをつくることもできます。実際に、エクスプレッションの「wiggle」で揺らしたような動きをつくってみましょう。動かすオブジェクトはエクスプレッションのときと同じ「ボール03.png」を使います。

まず、ボールが画面中央にある状態で、最初と最後のフレームに「位置」プロパティのキーフレームを設定します。当然このままではボールは静止したままです。

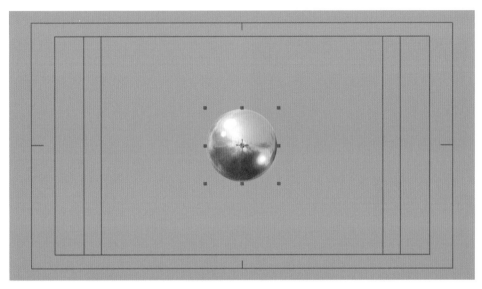

「ウィグラー」パネルを表示します。「ウィグラー」は前述のエクスプレッション「wiggle」のことで「揺らす」という意味で、2つのキーフレームの間にランダム値のキーフレームを生成する機能です。

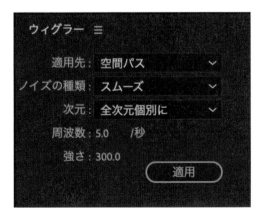

操作は、まず2つのキーフレームを選択します。次に生成するランダム値の頻度と幅を設定します。「周波数」が頻度、「強さ」が幅です。ここでは「wiggle」エクスプレッションで設定したのと同じ「周波数（頻度）=10」「強さ（幅）=300」に設定してみましょう。その後「適用」をクリックします。

2つのキーフレームの間にキーフレームが生成されました。キーフレームの間隔は「周波数」で設定した「1秒間に10個」です。

［コンポジション］パネルを見るとランダムな位置に動くモーションパスが表示され、ボールはこのモーションパスに沿ってランダムに揺れます。これがキーフレームを使ったランダムな動きのつくり方です。

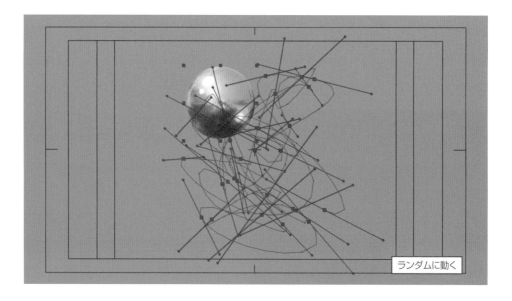

ランダムに動く

「ウィグラー」は2つのキーフレーム間にランダムなキーフレーム値を生成するので、たとえば画面の左から右へ移動する2つのキーフレーム間に対してランダム値を生成することもできます。

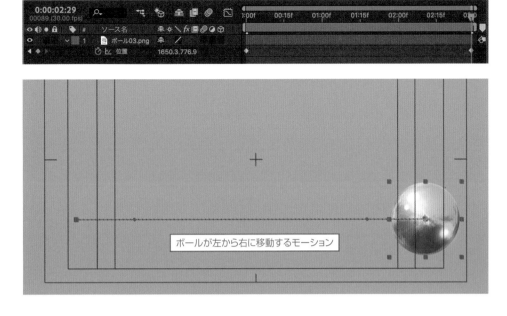

ボールが左から右に移動するモーション

「ウィグラー」で生成されるランダム値の幅は前述の通り設定することができますので、図のような激しいブレからユラユラと揺れながら移動するモーションなど幅広くつくることができます。

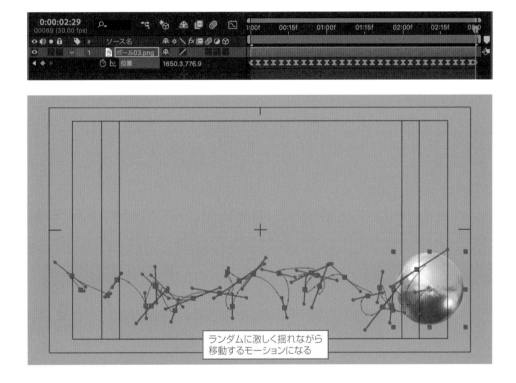

ランダムに激しく揺れながら
移動するモーションになる

また、キーフレームの位置を［タイムライン］の途中に設定すれば、たとえば初めは静止していて、2つのキーフレームの間だけランダムに揺れる、といった動きがつくれます。

図解 エクスプレッションの基礎知識

プロパティに命令文を与えることで、キーフレームでは難しい動きや他のオブジェクトとリンクした動きなどをつけることができます。この命令文を「エクスプレッション」と言います。

▶ … プロパティにエクスプレッションを追加する

制御するプロパティのエクスプレッション入力フィールドに命令文を入力します。

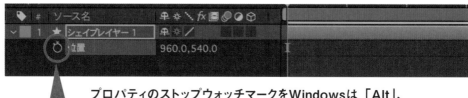

プロパティのストップウォッチマークをWindowsは「Alt」、macOSは「option」キーを押しながらクリックする

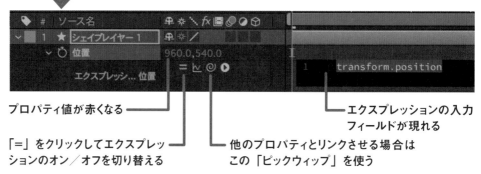

プロパティ値が赤くなる

「=」をクリックしてエクスプレッションのオン／オフを切り替える

他のプロパティとリンクさせる場合はこの「ピックウィップ」を使う

エクスプレッションの入力フィールドが現れる

■ 入力を間違えた場合

入力が終わったら入力フィールド以外の場所をクリックして入力決定します。記述が間違っているとエラーメッセージが表示されます。

入力ミス

正 解

■ エクスプレッションを消去する場合

再びストップウォッチマークを、Windowsは「Alt」、macOSは「option」キーを押しながらクリックします。

■ エクスプレッションを追加したプロパティだけを開きたい場合

「E」キーを2回連続で押します。

▶… プロパティをエクスプレッションで制御する

エクスプレッションはJaveScript言語に基づいています。言語を直に入力しなくても、Webにあるサンプルをコピー＆ペーストして実行することもできます。最も代表的なエクスプレッション「wiggle」を例にエクスプレッションの基本を説明しましょう。「wiggle」とは「揺らす」という意味です。

記入例は下のようになります。同じエクスプレッションでもプロパティによって効果が異なるので、その違いを見てみましょう。

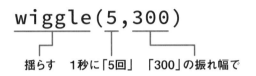

wiggle(5,300)

揺らす　1秒に「5回」　「300」の振れ幅で

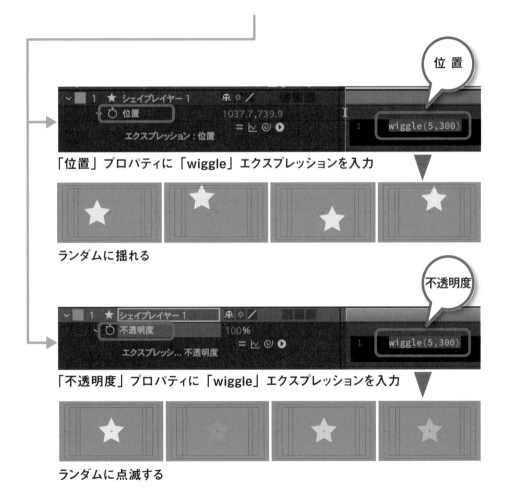

位 置

「位置」プロパティに「wiggle」エクスプレッションを入力

ランダムに揺れる

不透明度

「不透明度」プロパティに「wiggle」エクスプレッションを入力

ランダムに点滅する

TRY！

ダウンロード素材「トライ」フォルダの「エクスプレッション_01.aep」には、ここで使用したシェイプレイヤーが入っています。実際にエクスプレッションを追加して動きを確かめてください。

▶…プロパティを他のプロパティとリンクする

　他のレイヤーと同じ動きをさせるなどの単純なリンクでは「親子」機能を使いますが、たとえば「回転」と「不透明度」や、エフェクトのプロパティと「位置」といった直接関連のなさそうなプロパティ同士をリンクさせる場合は、「ピックウィップ」を他のプロパティにドラッグ&ドロップしてリンクのエクスプレッションを自動入力します。
ここでは、ダイアルが回るアニメーションのレイヤーと、電球イラストのレイヤーを使って「ピックウィップ」の機能を説明します。

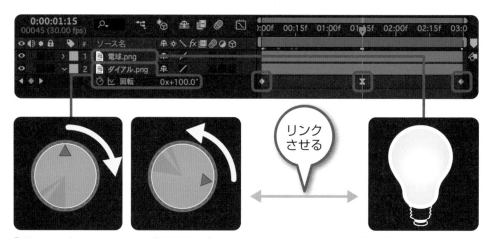

「ダイアル」レイヤーには「回転」プロパティで0°～100°
回転して再び0°に戻るアニメーションを設定

「電球」レイヤーには
何も設定されていない

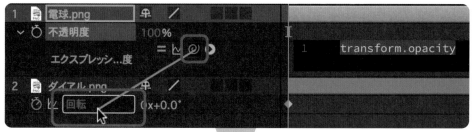

電球の「不透明度」プロパティにエクスプレッションを追加し、「ピックウィップ」をダイアルの「回転」プロパティにドラッグする

2つのプロパティをリンクする「エクスプレッション」が追加される

再生するとダイアルの回転に応じて電球の不透明度が「0～100～0」と変化する

T R Y !

ダウンロード素材の「トライ」フォルダにある「エクスプレッション_02.aep」を開きます。コンポジションは、赤い玉の「シェイプレイヤー」と「レーザー」エフェクトを適用した「平面」で構成されています。赤い玉は画面の左下から右上にカーブを描いて上昇し、再び戻ってくるアニメーションが設定されています。この赤い玉とレーザーの端をエクスプレッションで結びつけてみましょう。

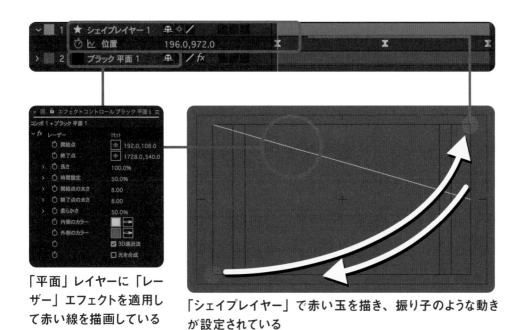

「平面」レイヤーに「レーザー」エフェクトを適用して赤い線を描画している

「シェイプレイヤー」で赤い玉を描き、振り子のような動きが設定されている

「平面」レイヤーのプロパティを開いて「エフェクト／レーザー」の中にある「終了点」にエクスプレッションを追加し、「ピックウィップ」で「シェイプレイヤー」の「位置」とリンクさせます。

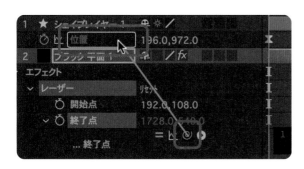

レーザーの端と玉がつながり、玉の動きを追いかけるようになる

T I P S　エクスプレッションの入力環境をカスタマイズする

「環境設定」の「スクリプトとエクスプレッション」で、エクスプレッションのフォントサイズや色、入力フィールドの背景色など、エクスプレッションの記述に関する作業環境をカスタマイズすることができます。

07 同じ動きをくり返す

キーフレームとエクスプレッションを組み合わせて、同じ動きをくり返し再生させてみましょう。最初にキーフレームで動きを作成し、エクスプレッションでその再生をコントロールします。

STEP 1 キーフレームで動きをつくる

　動きとその後の余白をつけるためにコンポジションのデュレーションは「6 秒」に設定します。次にダウンロード素材の「フッテージ」フォルダにある「電車 .png」を読み込んで配置します。この電車に対して、左から右そして再び左に戻る動きをつくり、その動きをループさせます。

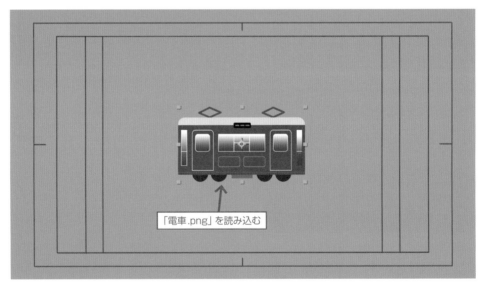

「電車 .png」を読み込む

　「P」キーを押して「位置」プロパティを開きます。続いて「0 フレーム」と「1 秒」にキーフレームを設定し、電車が画面の左から右に移動する動きを設定します。

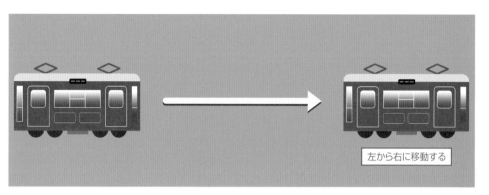

左から右に移動する

　電車を再び元の位置に戻したいので、［時間インジケーター］を「2 秒」に置き、最初の
キーフレームを選択してコピーし、ペーストを実行します。そうすると「2 秒」に「0 秒」と
同じキーフレームが設定され、電車が元の位置に戻ります。

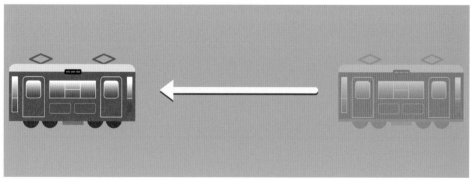

再生して電車が左から右、そしてまた左へと移動する動きを確認してください。

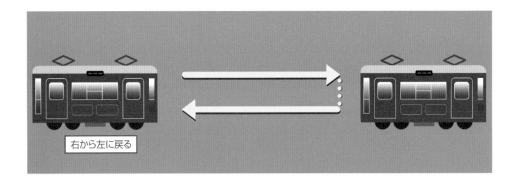

右から左に戻る

　等速では面白くないので、加減速を加えます。すべてのキーフレームを選択し、右クリックしてメニューの「キーフレーム補助」から「イージーイーズ」を選びます。これでキーフレームにゆっくり入ってゆっくり出て行くようになります。

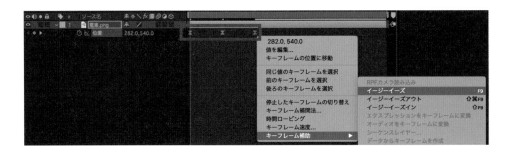

　再生すると加減速のある左右移動になったことがわかります。ただし、この状態では「2秒」で電車が停止します。そこで、エクスプレッションを使ってこの動きをループさせます。

STEP
2
エクスプレッションで
ループさせる

「位置」プロパティのストップウォッチマークを、Windows は「Alt」、macOS は「option」を押しながらクリックしてエクスプレッションを追加します。最後のキーフレーム後に再び最初のキーフレームから再生させたいので

```
loopOut()
```

と入力します。

再生すると、[時間インジケーター]はそのまま進みますが、エクスプレッションを追加した電車は左右の移動をくり返します。

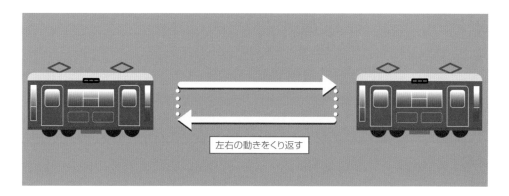

このエクスプレッションをしっかり理解するために、3つのキーフレームをすべて選択し、最初のキーフレームが「1秒」から始まるように全体を右に移動します。

再生すると、電車が1秒間停止した後に動き始め、その後は左右の動きをくり返します。このように、エクスプレッション「loopOut()」は最初と最後のキーフレーム間をループさせる命令で、ループ開始のタイミングは最初のキーフレーム位置で指定できます。

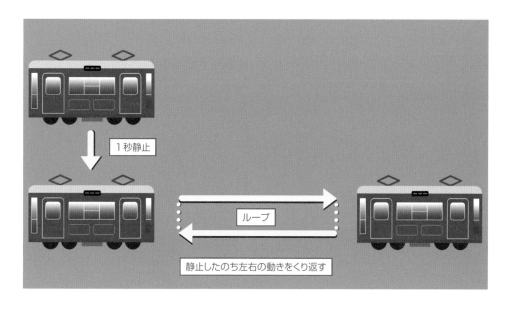

08 音楽に合わせて揺らす

音楽に合わせてオブジェクトを動かしてみましょう。基本的な操作を覚えれば、オブジェクトをキャラクターにしたりLEDメータにしたりと幅広い用途に使うことができます。

STEP 1 音楽とイラストを配置する

音楽に合わせてコンポジションのデュレーションを「8秒」にします。次に、ダウンロード素材の「フッテージ」フォルダにあるサウンドファイル「音楽01.mp3」とイラストファイルの「アロー.png」を読み込んで [タイムライン] に配置します。

「アロー」レイヤーは上下を向いた矢印のイラストです。このイラストを音楽に合わせて垂直に動かします。

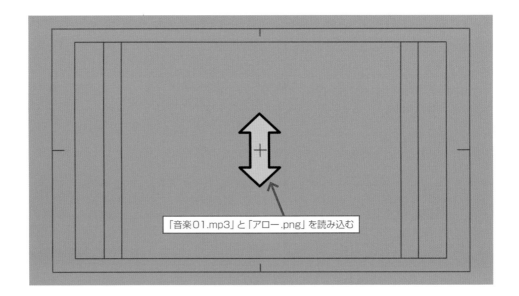

「音楽01.mp3」と「アロー.png」を読み込む

音量をキーフレームに
変換する

［タイムライン］に配置した「音楽 01」がどのような音楽なのかレイヤーを開いて波形を
見てみましょう。「音楽 01」は図のような音量に起伏のあるビートです。この音量を動き
の量にします。

「音楽 01」レイヤーを右クリックし、メニューの「キーフレーム補助」から「オーディオを
キーフレームに変換」を選びます。

　そうすると「オーディオ振幅」レイヤーが生成されます。これが音楽の音量をキーフレー
ムとして変換した結果のレイヤーです。

「オーディオ振幅」レイヤーを開くと、左右と両方のチャンネルの音量がエフェクトとして格納され、すべてのフレームに音量のキーフレームが設定されています。ここでは「両方のチャンネル」のキーフレームを使います。「両方のチャンネル」の「スライダー」プロパティでキーフレームの値を見ると、1フレームごとに数値が細かく変化しています。これがシェイプの移動量になります。シェイプのプロパティとリンクを張るためにレイヤーは開いたままにしておいてください。

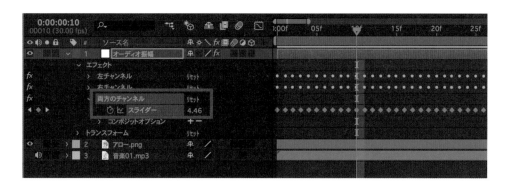

STEP 3 音量と回転をリンクさせる

「アロー」レイヤーを選んだ状態で「P」キーを押し、「位置」プロパティを開きます。矢印を縦方向にのみ動かしたいので、「位置」プロパティを右クリックしてメニューの「次元に分割」を選びます。

「位置」プロパティが「X位置」と「Y位置」の2つにわかれるので、縦方向の「Y位置」を選択し、ストップウォッチマークを、Windowsは「Alt」、macOSは「option」キーを押しながらクリックしてエクスプレッションを追加します。

「Y位置」と音量のキーフレームをリンクさせるために、エクスプレッションにあるうずまきホースマークの「ピックウィップ」をドラッグして、「オーディオ振幅」レイヤーの「両方のチャンネル」の「スライダー」にドロップします。

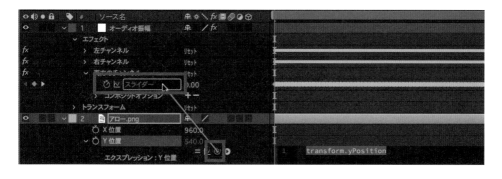

「Y位置」プロパティに、「両方のチャンネル」の音量キーフレームとリンクさせるエクスプレッションが入力されます。

　矢印が画面の上に移動し、再生すると音楽に合わせて上下に揺れます。位置が画面上になっているのは「スライダー」プロパティの値が「0.66」「28.36」「25.37」と小さく画面の上のほうの座標だからです。この値を大きくすれば画面中央付近で揺れるようになります。加えて振れ幅も大きくしましょう。

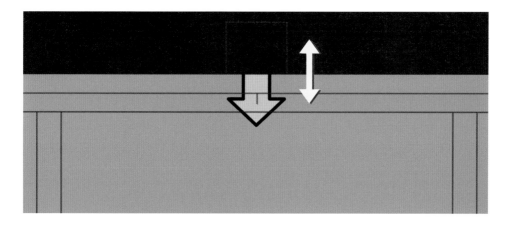

　まず矢印の位置を画面の中央にするために、「アロー」レイヤーの「Y位置」のエクスプレッションに座標値を足します。コンポジションはフルHDサイズなので縦の値は「1080」、画面中央の位置は「540」です。なので、エクスプレッションの最後に「+540」と記述して、矢印を画面中央にします。

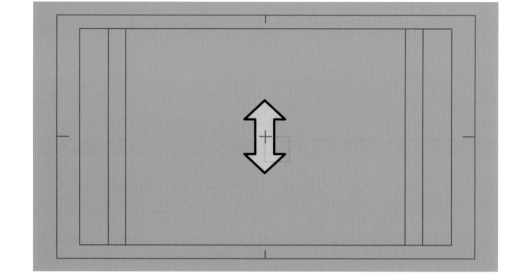

　次に揺れ幅を大きくます。ここでは「10倍」にしてみましょう。エクスプレッションの「+540」の前に「*10」と書き加えると10倍の揺れ幅になります。座標は下に向かって値が大きくなるので、「*10」では矢印は画面中央から下に向かって揺れます。もし上に向かって揺らしたい場合は「*-10」と入力します。再生して音楽に合わせて矢印が上下に揺れることを確認してください。

```
1    thisComp.layer("オーディオ振幅").effect(
     "両方のチャンネル")("スライダー") *-10+540
```

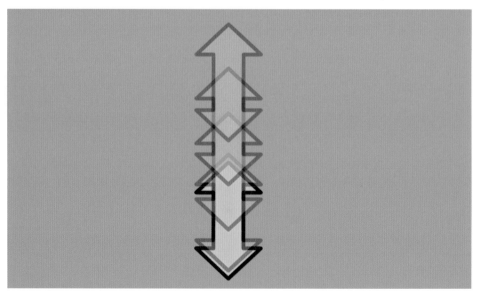

　音と連動する動きをスムーズに見せるために、動きにブラーを加えます。「アロー」レイヤーの「モーションブラー」を「オン」にすると、動きの速さに応じた量のブラーがかかります。これで完成です。

3

回転

回転にはたとえば時計の針、地球の自転、月の周回といったさまざまなバリエーションがあります。

図解 回転の基本

時計の針を回したり、文字を回転させる
ために使う回転。どのような仕組みなの
かしっかり理解しましょう。

▶… 回転とは?

まずは基本的な回転の特徴です。

◉ 360° = 1周

回転は360°で1回転にな
ります。

360°

◉ 左は何周しているか

回転は360°で1回転にな
ります。モーションで使うと
きは〜回転させるという感じ
で使いましょう。

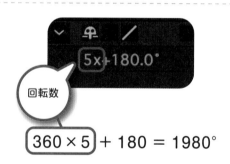

5x+180.0°

回転数

$360 \times 5 + 180 = 1980°$

◉ 回転のイージング

回転にイージングをかけ
ることでより自然な動きにな
るのも覚えておきましょう

グルンッ！

イージングでより自然に

▶… 3Dの回転

3Dにすると、回転も変化します。

◉ X回転

3DのX回転は前転をするような感じで手前に回転をします。

手前や奥の回転

◉ Y回転

3DのY回転は体を横に捻るように横に回転します。

横の回転

◉ Z回転

3DのZ回転は側転をするように回転します。2Dのときの回転の動きと考えてもよいでしょう。

時計回りの回転

◉ 方向

3Dには回転の他に方向があります。回転とは違う計算処理のX、Y、Zの回転です。1回転以上は設定できない、個別にキーフレームを打てないなどの違いがあるので使い分けましょう。

3

01 永久に回転させる

エクスプレッションを使って回転させてみましょう。キーフレームを使わないので、レイヤーやコンポジションの長さを変えても常に一定の速度で回転し続け、回転速度の変更も数値を変えるだけです。

STEP 1 エクスプレッションを追加する

エクスプレッションによる回転をある程度見せたいので、コンポジションのデュレーションを「5秒」に設定します。次にダウンロード素材の「フッテージ」フォルダにある「回転.png」を読み込んで [タイムライン] に配置します。

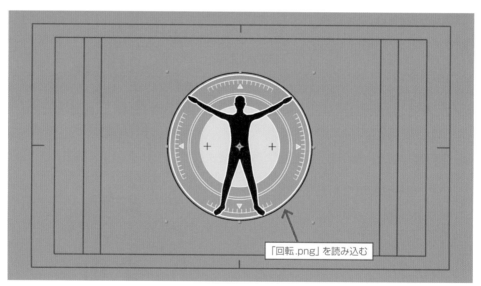

「回転.png」を読み込む

「回転」レイヤーを選んで「R」キーを押し、「回転」プロパティを開きます。続いて、Windows は「Alt」、macOS は「option」キーを押しながらストップウォッチマークをクリックして「回転」プロパティにエクスプレッションを追加します。

「回転」プロパティの値は「角度」です。この「角度」の値が時間と共に増え続ければオブジェクトは回転し続けます。そこで、角度と時間を関連づける「time」というエクスプレッションを追加します。この「time」で1秒間に変化する角度を指定します。たとえば「time*360」と入力すると「1秒間に360度」つまり1回転します。

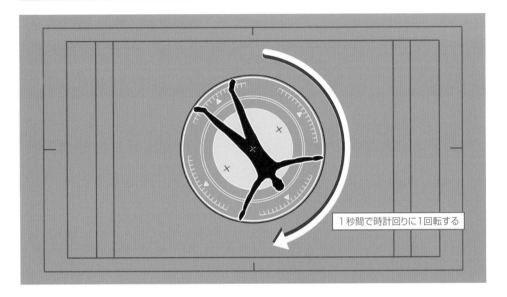

1 time*360

1秒間で時計回りに1回転する

1秒間で変化する角度の量によって回転速度が変わるので、角度の値を変えて速度を調整します。たとえば「time*180」と入力すると先ほどの半分の速度で回転します。
　回転は時計回りです。反時計回りに回転させたい場合は「time*-180」と入力します。

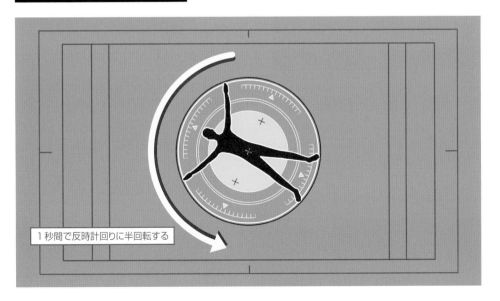

1 time*-180

1秒間で反時計回りに半回転する

スライダーで
速度を調整する

　エクスプレッションによる永久回転は簡単で効果的ですが、難点は速度調整のたびにエクスプレッションを記述し直さなければならないことです。そこで、「time」に掛ける値をエフェクトのように［エフェクトコントロール］パネルでスライダーと数値で制御できるようにします。

　「回転」レイヤーを選択した状態で、［エフェクト＆プリセット］パネルの「エクスプレッション制御」の中にある「スライダー制御」をダブルクリックしてエフェクトを適用します。

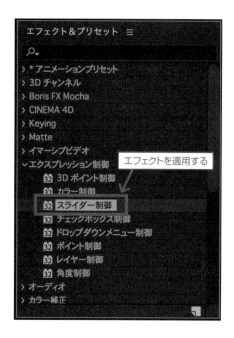

　「スライダー制御」エフェクトは、任意のプロパティの数値をスライダーで制御できるようにするものです。［エフェクトコントロール］パネルを見ると、「スライダー」プロパティがあるだけです。このスライダーで現在「time*180」と記述してあるエクスプレッションの「180」の部分の値を制御できるようにします。

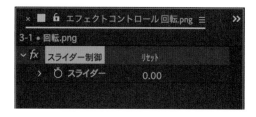

［タイムライン］で「回転」レイヤーに適用した「スライダー制御」を開いて「スライダー」
プロパティを出します。次に、「回転」プロパティに追加したエクスプレッションの「180」
の部分だけを選択します。その状態でうずまきホースマークの「ピックウィップ」を、「スラ
イダー制御」の「スライダー」プロパティまでドラッグします。プロパティが選択された状態
になるので、そこでドロップします。

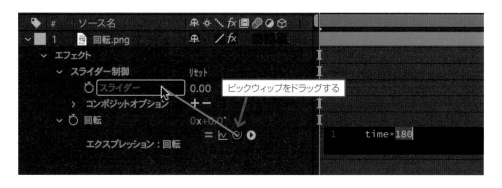

「回転」プロパティに追加したエクスプレッションの記述が変化しました。これで「time」に
掛ける値とスライダーのリンクが張られました。

　再生しながら［エフェクトコントロール］パネルの「スライダー」値を変えてみてくださ
い。それに応じて回転速度が変化します。スライダーでは「100」が最大値ですが、数値
の上をドラッグするとさらに上の数値にすることができます。

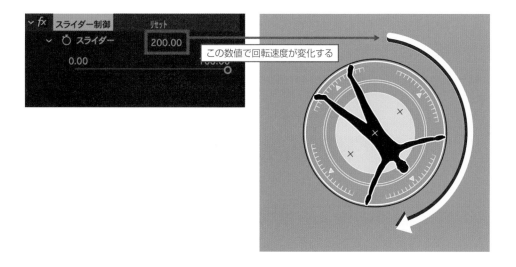

シェイプを回転させる

オブジェクトの中心を軸にした単純な回転でも、シェイプの設定によっては効果的な動きになることがあります。ここでは円シェイプの「線」の設定で面白い動きをつくってみましょう。

STEP 1 点線の円シェイプをつくる

コンポジションのデュレーションは「3秒」に設定します。次に「レイヤー」メニューの「新規」から「シェイプレイヤー」を選んで新規シェイプレイヤーをつくります。

シェイプツールで円を描くこともできますが、ここでは画面中央に正確に円を生成したいので [タイムライン] のレイヤーで円を生成します。まず、「シェイプレイヤー」を開き、「コンテンツ」の「追加」メニューから「楕円形」を選びます。[コンポジション] パネルを見ると塗りも線も無い楕円のパスだけが表示されています。

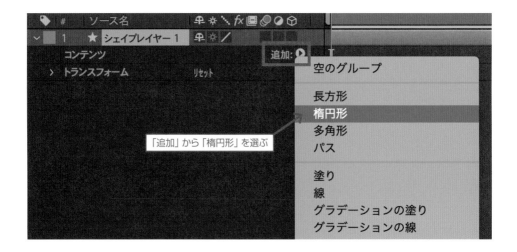

「追加」から「楕円形」を選ぶ

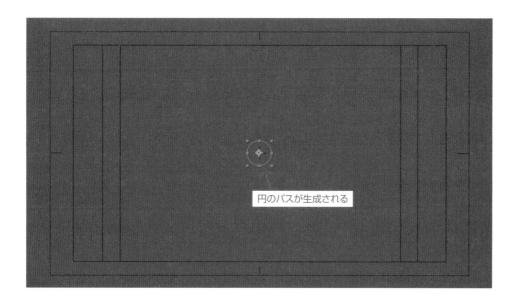

円のパスが生成される

円に線を追加するために、「追加」メニューで「線」を選びます。そうすると円に線が生成されます。

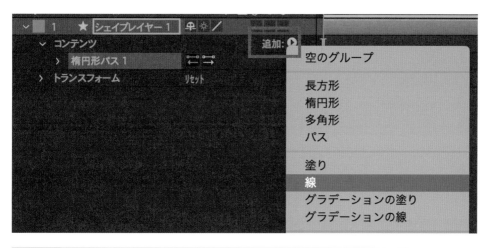

パスに線がつく

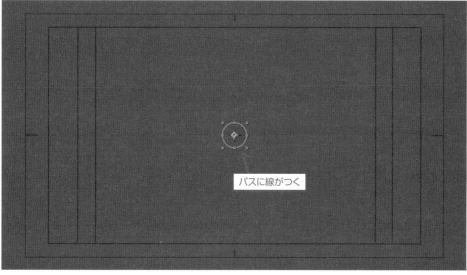

円のサイズと線の太さを調整します。まず「楕円形パス」プロパティを開いて「サイズ」を「500」にします。これで直径「500 pixel」の円になります。

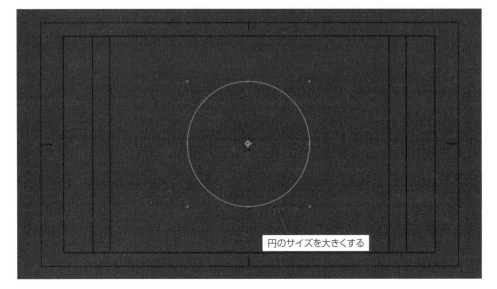

円のサイズを大きくする

続いて「線」プロパティを開いて「線幅」で線の太さを変えます。ここでは見やすいように「20.0」に変えましょう。

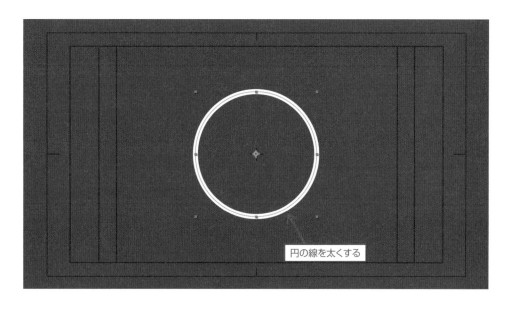

円の線を太くする

さらに、線を点線にします。「破線」プロパティの「+」をクリックしてプロパティを追加し、「線分」で破線の長さを設定します。ここでは「30」にしました。これで円が点線になります。

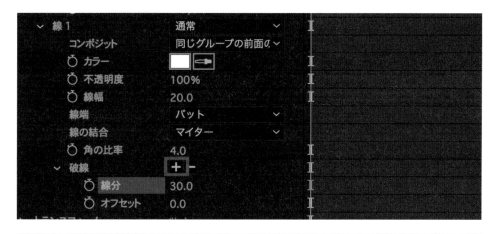

∨ 線 1	通常	∨
コンポジット	同じグループの前面α	∨
Ö カラー		⇥
Ö 不透明度	100%	
Ö 線幅	20.0	
線端	バット	∨
線の結合	マイター	∨
Ö 角の比率	4.0	
∨ 破線	+ −	
Ö 線分	30.0	
Ö オフセット	0.0	

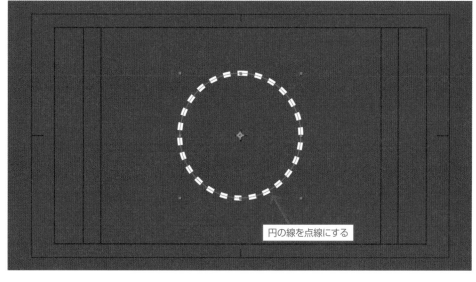

円の線を点線にする

点線の端を丸くしたい場合は、「線端」プロパティを「バット」から「丸型」にします。好みに応じて選択してください。

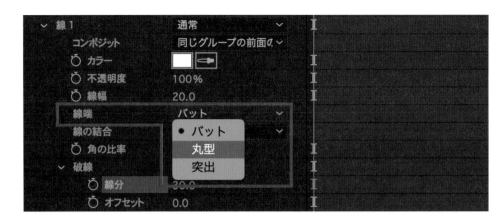

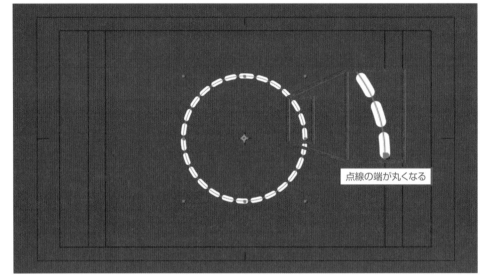

点線の端が丸くなる

STEP 2 永久回転させる

「3-01 永久に回転させる」（P.92）と同じ操作で「回転」プロパティにエクスプレッションを追加し、円シェイプを永久回転させます。ここではエクスプレッションに「time*50」と記述して1秒間に50度のゆっくりな回転にしました。再生すると、点線の円がゆっくり回転します。

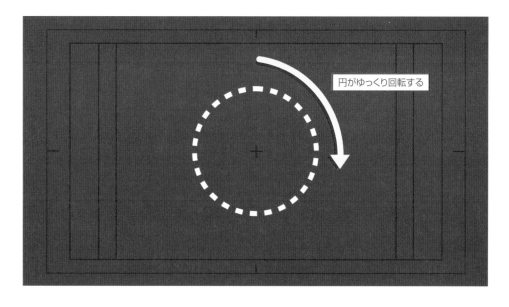

円がゆっくり回転する

　この動きは、下図のように数字の回りの飾りや背景での動きとして使えます。その場合、
円のサイズや位置を変更する必要がありますが、その際のコツを解説します。実際にやっ
てみてください。

　まず「S」キーを押して「スケール」プロパティを開き、数値上をドラッグして円を拡大し
てみてください。そうすると、線の太さが太くなり、点線の間隔も広くなります。画面の背
景に使う場合などあまり円を目立たせたくないので、「線幅」と「破線」で点線の太さと間
隔を調整することになりますが、サイズを変更しても最初に決めた点線の太さと間隔が維
持されるほうが効率的です。

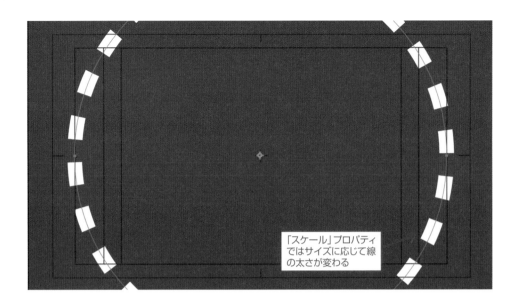

「スケール」プロパティ
ではサイズに応じて線
の太さが変わる

その場合は、円のサイズの変更を「シェイプレイヤー」の「サイズ」プロパティではなく、「楕円形パス」の「サイズ」プロパティで行います。ここで拡大すると線の幅は一定です。

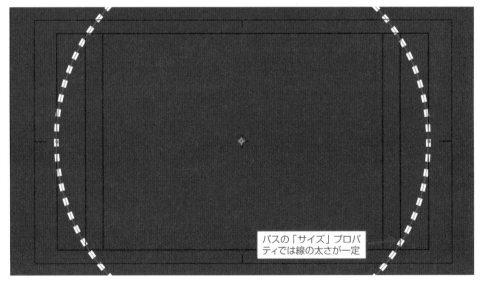

パスの「サイズ」プロパ
ティでは線の太さが一定

次に円の位置を変える場合ですが、「楕円形パス」の「位置」プロパティで移動を行うと、アンカーポイントが画面中央に残ってしまい、回転させたい円の中心でなくなってしまいます。

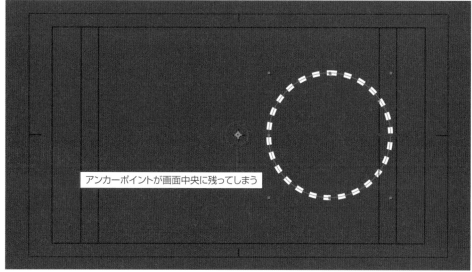

アンカーポイントが画面中央に残ってしまう

移動してもアンカーポイントを円の中央のままにしたい場合は、「シェイプレイヤー」の「位置」プロパティで移動を行います。少しややこしいですが、覚えれば効率的に背景モーションがつくれるようになります。

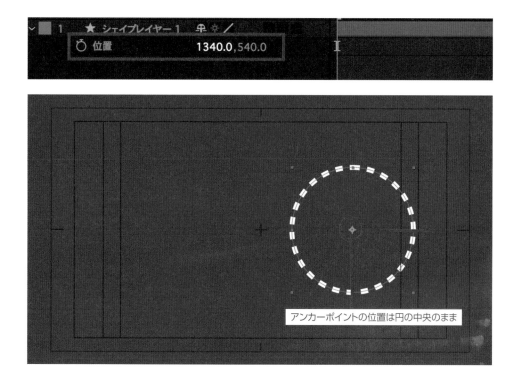

アンカーポイントの位置は円の中央のまま

03 変形と回転を組み合わせる

多角形シェイプが変形する動きをつくることができますが、その場で変形しても不自然でかつ印象が薄いので、より自然で目をひく動きにするために回転と組み合わせます。

STEP 1 多角形シェイプをつくる

コンポジションのデュレーションは「3秒」に設定します。次に「レイヤー」メニューの「新規」から「シェイプレイヤー」を選んで新規シェイプレイヤーをつくります。

「シェイプレイヤー」を開き、「コンテンツ」プロパティの「追加」で「多角形」と「線」を追加します。[コンポジション]パネルを見ると白い線の星型の多角形が表示されています。

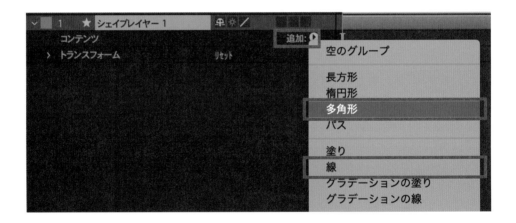

MEMO

「追加」で生成する多角形はツールで描画する多角形と形状が異なります。ツールで描くような多角形にする場合は、後述の「多角形パス」プロパティの「内半径」か「外半径」の値で調整します。

星型のパスが生成される

多角形のサイズと線の太さを調整します。多角形のサイズをパスで変更する場合、「内半径」と「外半径」の2つのプロパティで行います。ここではサイズを3倍にしたいので「内半径」を「150」、「外半径」を「300」にしましょう。面倒臭い場合は「シェイプレイヤー」の「サイズ」プロパティで拡大してもかまいませんが、その場合線幅も一緒に太くなります。

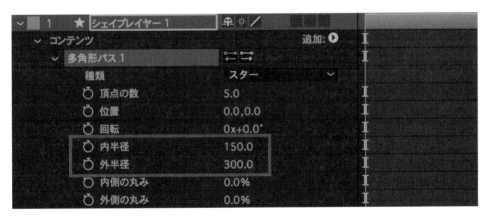

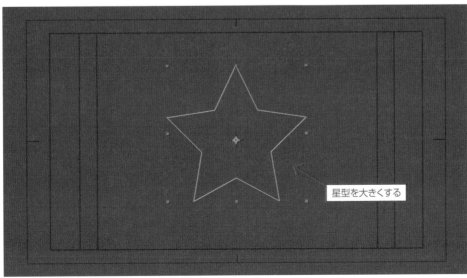

星型を大きくする

続いて「線」プロパティを開いて「線幅」で線の太さを変えます。ここでは見やすいように「20.0」にしましょう。

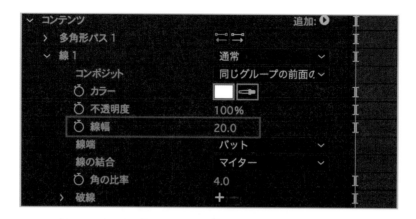

線を太くする

この状態で星型の多角形は完成ですが、多角形の持つプロパティを知る上でももう少し手を加えてみましょう。「多角形パス」にある「外側の丸み」の値を少し上げてみてください。そうすると星型の丸みが生じて桜の花のような形になります。これを変形させることにしましょう。

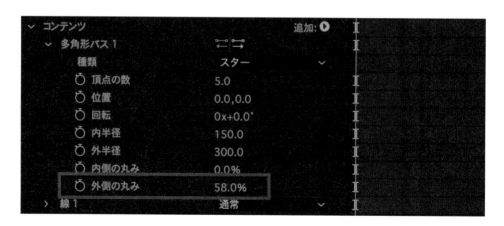

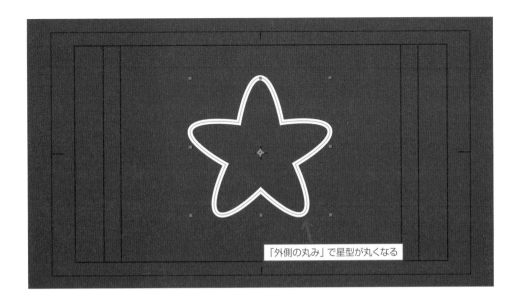

「外側の丸み」で星型が丸くなる

STEP
2
シェイプを
変形させる

　丸みをおびた多角形の頂点の数をランダムに変えて変形させます。まず「多角形パス」にある「頂点の数」プロパティのストップウォッチマークを、Windowsは「Alt」、macOSは「option」を押しながらクリックしてエクスプレッションを追加します。

　エクスプレッションで頂点の数をランダムに変えるわけですが、ここではゆっくりと変形するようにしましょう。エクスプレッションに「wiggle(2,3)」と入力します。「1秒間に2回、角の数を3の幅で変えなさい」という命令文です。

```
1    wiggle(2,3)
```

　再生すると、多角形の頂点の数が変化するアニメーションになっています。ただし、角が発生するのが常に多角形の右上なので不自然でかつ面白みがありません。そこで、この変形する多角形を回転させます。

ランダムに
回転させる

　多角形の回転は「シェイプレイヤー」の「回転」プロパティと、「多角形パス」の「回転」プロパティのどちらでもできます。ここでは「多角形パス」の「回転」プロパティでランダムに回転させます。「回転」プロパティのストップウォッチマークを、Windowsは「Alt」、macOSは「option」を押しながらクリックしてエクスプレッションを追加します。

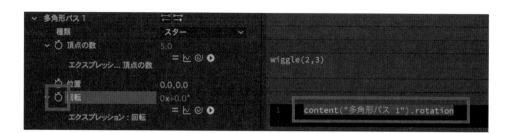

　「頂点の数」で使っている「wiggle」エクスプレッションを使って、ランダムな角度に回すことができます。たとえば「wiggle(1,360)」と入力すると「1秒間に1回、360度の角度幅で回転」します。

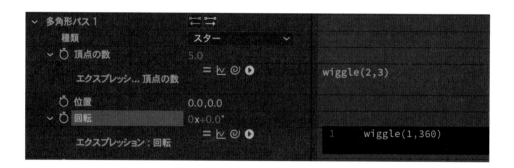

　再生すると、多角形が変形しながら回転するので、角の発生する場所が移動して不自然さがなくなります。これで完成です。

04 周回運動をつくる

オブジェクトは「アンカーポイント」を中心に回転します。この位置を
変更すると月のような周回運動にすることができます。とても便利
なモーションなので、実際にやってコツをつかみましょう。

STEP 1 アンカーポイントの位置を変える

　コンポジションのデュレーションは「3秒」に設定します。次にダウンロード素材の「フッ
テージ」フォルダにある「月.png」を読み込んで[タイムライン]に配置します。

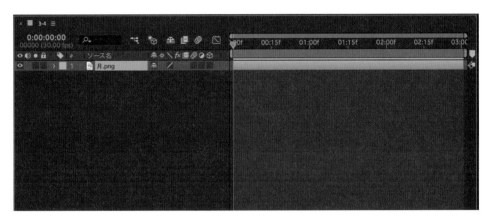

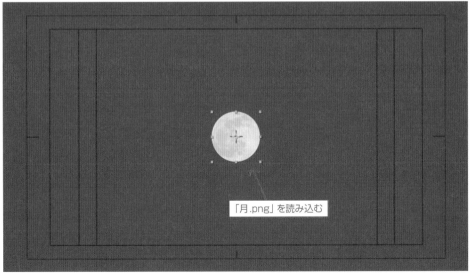

「月.png」を読み込む

「月」レイヤーを開いて「トランスフォーム」プロパティを出し、「回転」プロパティの右側の角度の数値の上をドラッグして回転させてみてください。月は中心を軸に回転します。これは「アンカーポイント」が月の中心位置にあるからです。確認したら角度を元の「0.0」に戻してください。

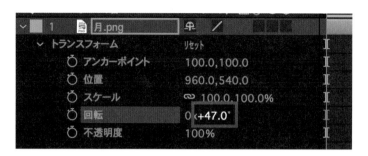

アンカーポイント＝月の中心＝回転の中心

続いて、「アンカーポイント」プロパティの右側の「Y位置」の数値の上をドラッグしてみてください。アンカーポイントを残したまま、月の位置が上下します。不思議な感じがしますが、これはアンカーポイントの特性によるものです。

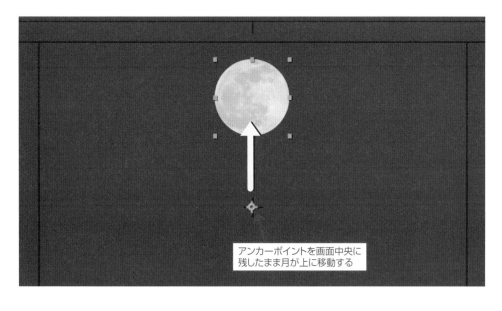

アンカーポイントを画面中央に
残したまま月が上に移動する

「アンカーポイント」の「Y 位置」の値を上げて月を画面の上のほうに移動してください。

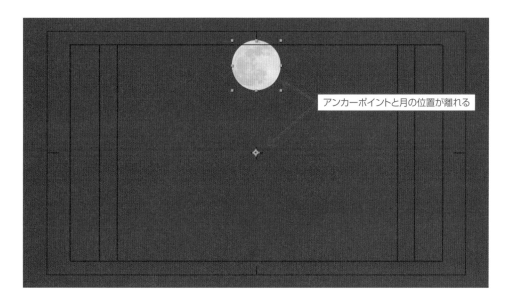

アンカーポイントと月の位置が離れる

　その状態で「回転」プロパティの角度の数値の上をドラッグすると、月がアンカーポイントを軸に回転します。アンカーポイントは月から離れた場所にあるので、月がアンカーポイントの回りを周回運動するようになります。

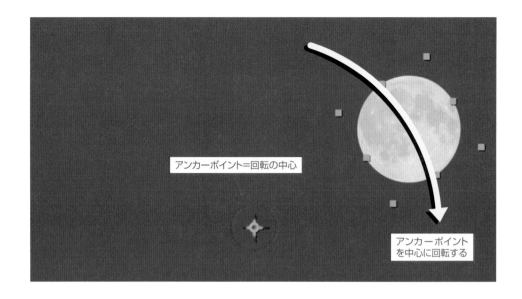

アンカーポイント=回転の中心

アンカーポイント
を中心に回転する

STEP 2 永久に周回運動 させる

　周回運動を永久に続けさせるにエクスプレッションを使います。「3-01　永久に回転させる」（P.92）と同じ操作で、「回転」プロパティにエクスプレッションを追加します。ここでは「time*360」と入力して1秒間に360度回転させてみましょう。

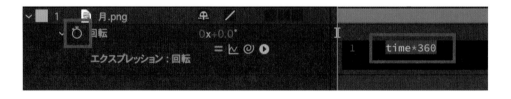

　アンカーポイントのある画面中央を中心にして月が周回運動し続けます。

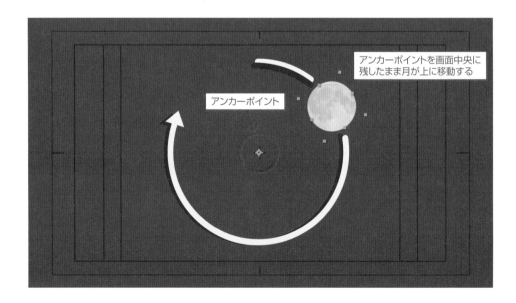

アンカーポイントを画面中央に
残したまま月が上に移動する

アンカーポイント

回転キーフレームを
使う

　周回運動モーションの利用方法として、カウントダウンの演出の一部に使うことがあります。数字の回りを回ってカウントダウンにテンションをつける演出ですが、このとき、等速で回るより加減速のある回り方をしたほうが効果があります。実際にやってみましょう。まず、先ほどと同じ操作で、エクスプレッションをつける前の状態までつくります。

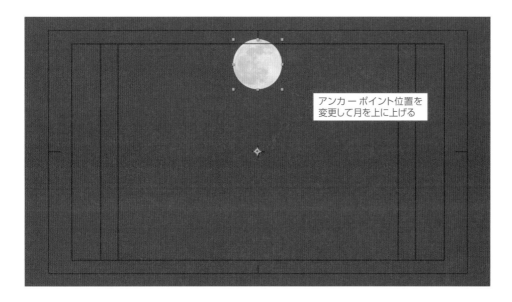

アンカーポイント位置を
変更して月を上に上げる

　「R」キーを押して「回転」プロパティを開きます。「0 フレーム」と「1 秒」にキーフレームを設定し、「0 フレーム」では「0×＋0.0°」、「1 秒」では「1×＋0.0°」にして 1 秒間で1 周する設定にします。

　再生すると、等速で周回運動を 1 回してそのまま停止します。図にすると、次ページのような回転で、回転の移動幅は均等です。この回転運動に加減速を加えてみましょう。ゆっくり回転し始めて、途中から加速し、最後はゆっくり元の位置に収まる、という回転運動にします。

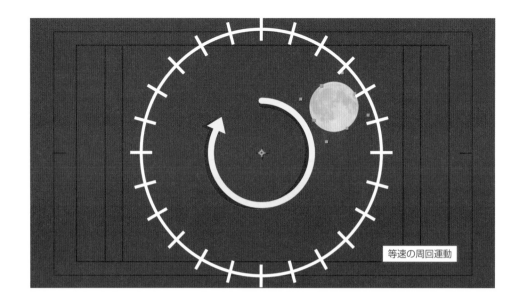

等速の周回運動

2つのキーフレームを選択し、どちらかを右クリックしてメニューの「キーフレーム補助」から「イージーイーズ」を選びます。

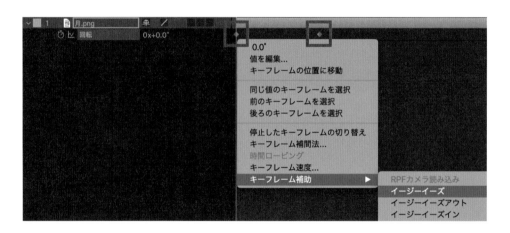

2つのキーフレームのマークが変わり、それぞれのキーフレームにゆっくり入ってゆっくり出て行くようになりました。再生して動きを確かめてください。

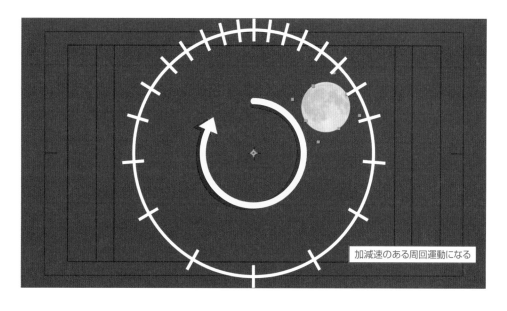

加減速のある周回運動になる

　この加減速の周回運動を永久に続けさせるためにエクスプレッションを追加します。方法は「2-07　同じ動きをくり返す」(P.80)で行った操作と同じです。「回転」プロパティにエクスプレッションを追加し、「loopOut()」と記述します。これで、最初のキーフレームと最後のキーフレームの間をループするようになり、ボールは周回運動を続けるようになります。

　周回運動し続ける動きを、頂点でしばらく停止するようにしたい場合はどうしたらよいでしょう?　答えは簡単です。停止している時間分だけ「時間インジケーター」を移動し、そのフレームに最後のキーフレームをコピー&ペーストするだけです。これで2番目と最後のキーフレームの間だけ月が停止し、再び回転し始める、という動きを繰り返します。

115

05 転がる四角形をつくる

アンカーポイントを利用して転がる四角形の動きをつくってみましょう。四角形は角を軸にして転がるので、アンカーポイントの位置を角に移動して回転させます。

STEP 1 四角形をつくる

まず新規コンポジションをつくります。デュレーションは「2秒1フレーム」にしましょう。次に四角形をつくるために、「レイヤー」メニューの「新規」から「シェイプレイヤー」を選んで新規シェイプレイヤーをつくります。

シェイプツールで簡単に四角形を描画することができますが、ここでは後の操作のためにシェイプのサイズを数値で設定したいので、レイヤーにプロパティを追加して四角形をつくります。「シェイプレイヤー」を開き、「コンテンツ」プロパティの「追加」から「長方形」、続いて「塗り」を追加します。そうすると、[コンポジション]パネルに赤い四角形が表示されます。

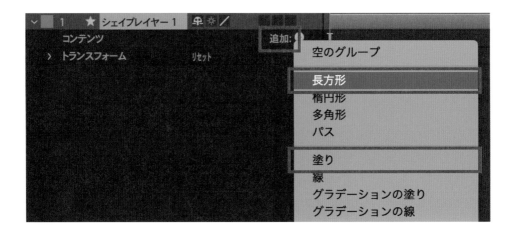

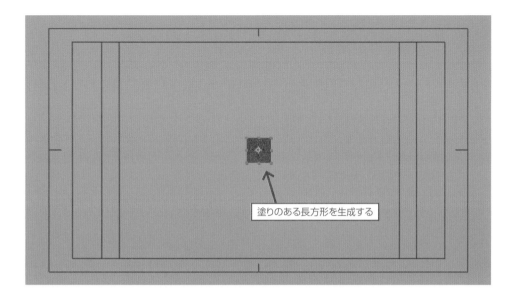

塗りのある長方形を生成する

四角形のサイズと色を調整します。まず「長方形パス」プロパティを開き、「サイズ」を「300」にして「300 pixel」四方の大きさにします。続いて「塗り」プロパティを開いて「カラー」で四角形の色を変えます。ここでは「黄色」にしました。これで四角形が完成です。

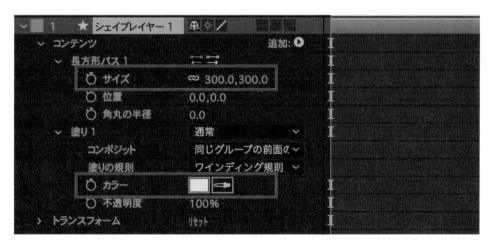

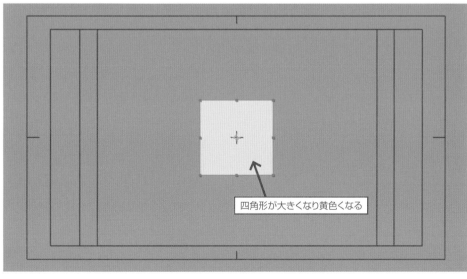

四角形が大きくなり黄色くなる

アンカーポイントの
位置を変える

　転がる四角形は四隅の角が回転の中心になります。そのために初期状態では四角形の中心にあるアンカーポイントを角に移動します。「A」キーを押して「アンカーポイント」プロパティだけを開きます。四角形のアンカーポイントを右下の角にしましょう。「アンカーポイント」の数値上をドラッグしてアンカーポイントの位置を変えることができますが、ここでは数値で「300 pixel」の四角形をつくったので、アンカーポイントの位置を「150,150」にすれば正確に右下の角になります。

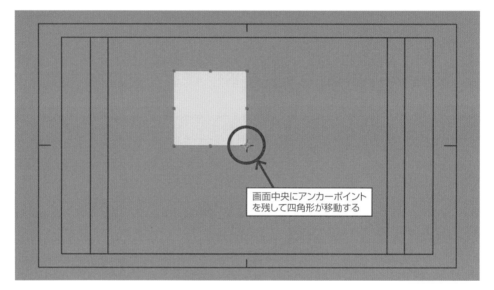

画面中央にアンカーポイントを残して四角形が移動する

　もう少し詳しく説明しましょう。図形に対するアンカーポイントの位置は図形の中心で、その座標は「0,0」です。この座標は図形の右と下に行くほど数が増えるので、辺の長さが「300 pixel」の正方形の場合、座標「150,150」が正方形の右下の角になるわけです。

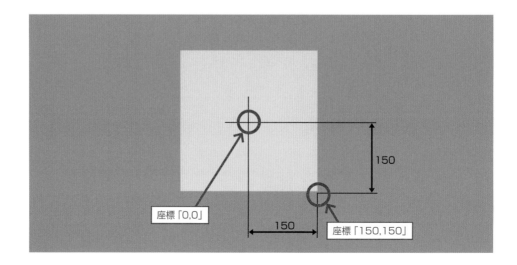

座標「0,0」

座標「150,150」

150

150

「R」キーを押して「回転」プロパティだけを開き、角度の数値上をドラッグしてみてください。四角形は右下の角を軸を回転するようになりました。これでアンカーポイントの位置変更は完了です。角度を元の「0.0」に戻しておいてください。

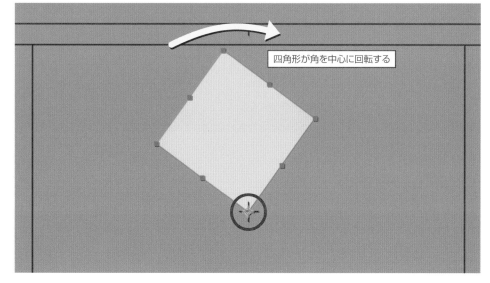

STEP
3

回転
させる

「P」キーを押して「位置」プロパティだけを開き、四角形が転がり始める最初の位置に移動します。ここでは「500,800」の位置にしました。この位置でキーフレームを設定しておきましょう。

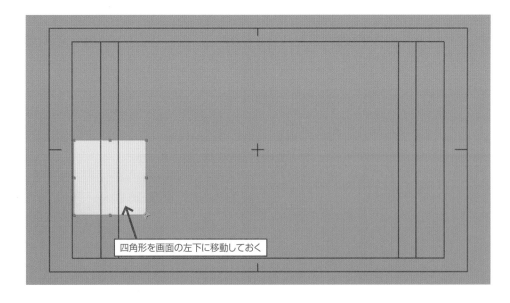

「R」キーを押して「回転」プロパティだけを開き、「0 フレーム」にキーフレームを設定します。角度は初期値の「0×＋0.0°」のままです。

[時間インジケーター] を「15 フレーム」に移動し、「回転」の数値を「0×＋90.0°」にします。これで四角形は右下の角を軸に転がります。この 90 度の回転を連続させて四角形を転がします。

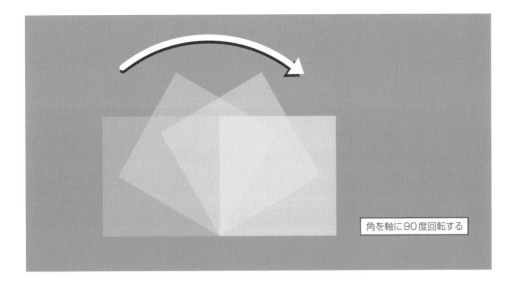

角を軸に90度回転する

STEP 4 回転を連続させる

　ここからの操作は少しややこしいので詳しく説明します。四角形を転がすために、角を軸にした90度の回転を連続させるわけですが、そのために今つくった90度の回転を、進行方向に移動して再度行います。新しい回転開始位置は現在の「15フレーム」の位置です。このくり返しの概念を図にするとこのようになります。

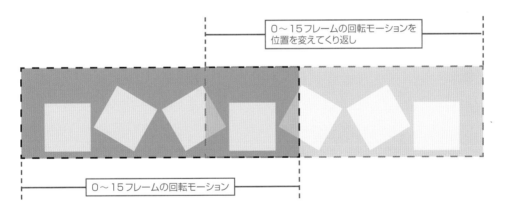

0〜15フレームの回転モーションを
位置を変えてくり返し

0〜15フレームの回転モーション

　実際に操作してみましょう。90度回転のくり返しは「位置」と「回転」プロパティで行うので、「U」キーを押して、キーフレームを設定した「位置」と「回転」プロパティだけを開いておきます。

「0～15フレーム」の動きを、2回目の回転の始まる位置に変えてくり返します。「0フレーム」の回転前の状態を「15フレーム」の位置に移動し、再び「回転」プロパティで90度回転させるわけです。その準備として、現在の状態で「15フレーム」に「位置」プロパティを設定します。

続いて「14フレーム」の「位置」と「回転」プロパティにキーフレームを設定します。これにより「14フレーム」までが1回目の回転で、「15フレーム」から2回目の回転になります。

「15フレーム」の「回転」プロパティを「0フレーム」と同じ状態の「0×+0.0」にします。そうすると四角形は回転前の「0フレーム」と同じ位置に移動します。

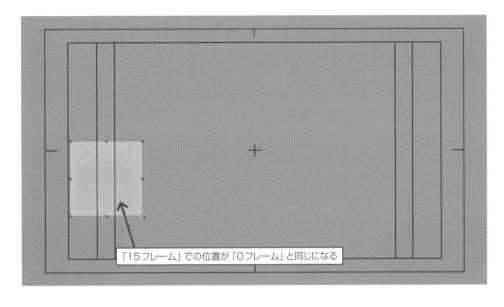

「15フレーム」での位置が「0フレーム」と同じになる

　回転開始の四角形の位置は「500,800」です。四角形は「300 pixel」なので、90度
回転した位置はX位置に300を足した「800,800」になります。そこで「15フレーム」
の「位置」プロパティを「800,800」にします。これで90度回転させた位置に、回転開
始前の四角形が移動します。

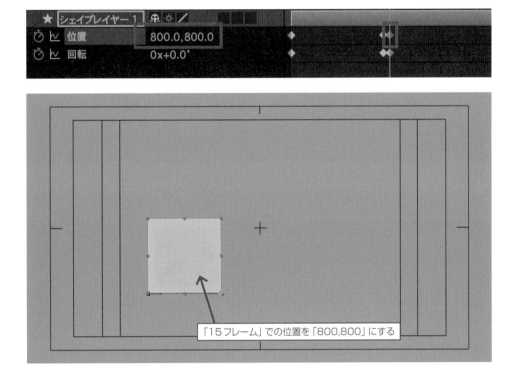

「15フレーム」での位置を「800,800」にする

　[時間インジケーター] を「1秒」に移動し、「回転」の数値を「0×+90.0°」にすると四
角形が右下の角を軸に転がります。これで、「0～14フレーム」までの回転と合わせて2
回転がります。

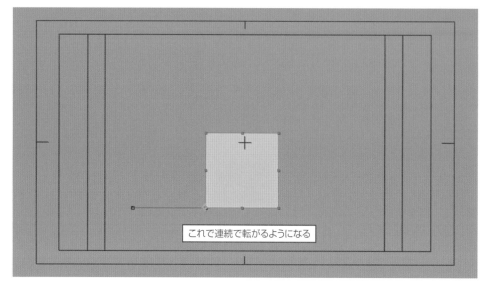

これで連続で転がるようになる

　この操作をくり返して四角形を転がします。慣れれば次々に回転させていくことができます。

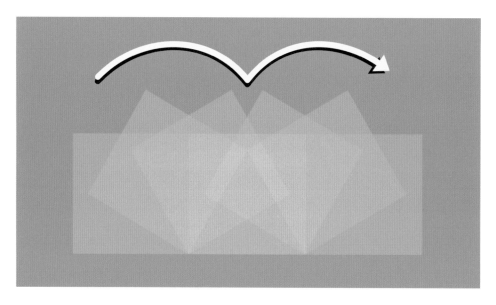

06 立体を回転させる

After Effectsで立体のオブジェクトをつくり、回転させてみましょう。3D空間の概念と操作方法は「第6章 立体」で行うので、ここでは立体の回転がどのようなものなのかを体験してください。

STEP 1 正方形シェイプをつくる

コンポジションのデュレーションは「3秒」に設定します。次に「レイヤー」メニューの「新規」から「シェイプレイヤー」を選んで新規シェイプレイヤーをつくります。

「シェイプレイヤー」を開き、「コンテンツ」プロパティの「追加」で「長方形」と「塗り」を追加します。そうすると、[コンポジション] パネルに赤い四角形が表示されています。

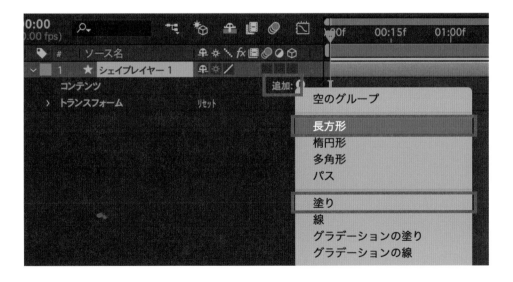

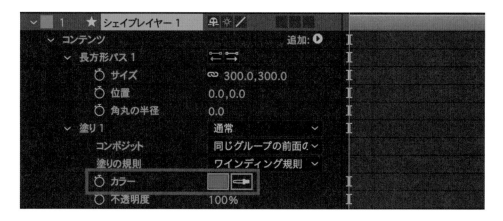

塗りのある長方形を生成する

　四角形のサイズと色を調整します。まず「長方形パス」プロパティを開いて「サイズ」を「300」にします。続いて「塗り」プロパティの「カラー」で四角形の色を変えます。ここでは「青色」に変えました。これで立体の元になる四角形が完成しました。

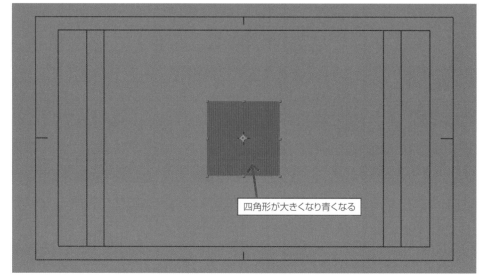

四角形が大きくなり青くなる

四角のシェイプを
立方体にする

「シェイプレイヤー」を「3Dレイヤー」にして、四角のシェイプを立方体にします。そのためにまず「シェイプレイヤー」の「3Dレイヤー」にチェックを入れます。[コンポジション]パネルを見ると、四角の中心に3Dハンドルが表示されています。これで「3Dレイヤー」になっていることがわかります。

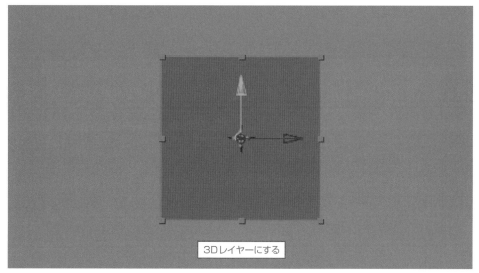

3Dレイヤーにする

　四角を立方体にするのは、具体的には四角い面を奥行き方向に「押し出す」操作です。3D空間を描画するためにAfter Effectsには2種類の「レンダラー」が存在します（以前は「レイトレース」を含む3種類でしたがCC2020の現在は2種類です）。この「レンダラー」により表示できる3D表現が異なり、「押し出し」ができるのは「CINEMA 4D」です。レンダラーを選択するために、[コンポジション]パネルの右上にある「レンダラー」に表示されている現在のレンダラー名をクリックします。

「コンポジション設定」ダイアログが開くので、この中の「レンダラー」を「CINEMA 4D」に変更して「OK」をクリックします。これでシェイプの押し出しができるようになりました。

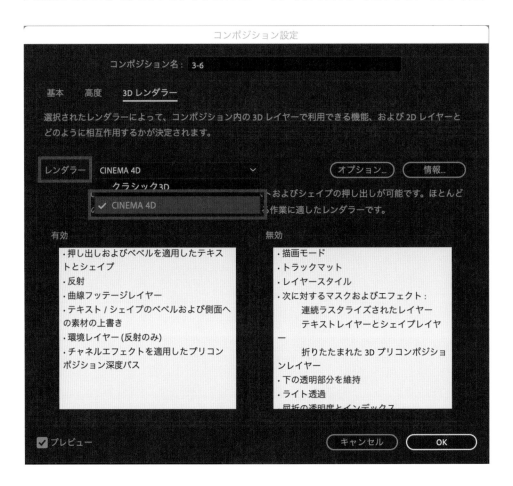

押し出される様子がわかるように、[コンポジション]パネルの下部にある「3Dビュー」を「カスタムビュー 1」にします。そうすると 3D 空間を斜め上から見る視点に切り替わります。

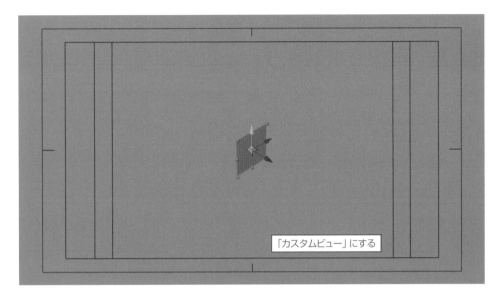

「カスタムビュー」にする

「シェイプレイヤー」の「形状オプション」プロパティを開き、「押し出す深さ」に奥行きのサイズを入力します。四角のシェイプのサイズは「300」なので、「押し出す深さ」にも「300」と入力します。

すると、四角のシェイプが押し出されて立方体になります。視点が離れて立方体までの距離ができますが、この後に行うライトの設定のためにこのままの状態で操作を続けましょう。

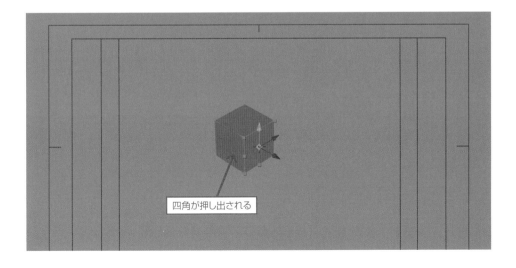

四角が押し出される

［コンポジション］パネルに表示されている立方体の3Dハンドルを見ると、前面の中央にあります。この場所がアンカーポイントです。回転は立方体の中心を軸に行いたいので、この3Dハンドルを立方体の中心に移動する必要があります。

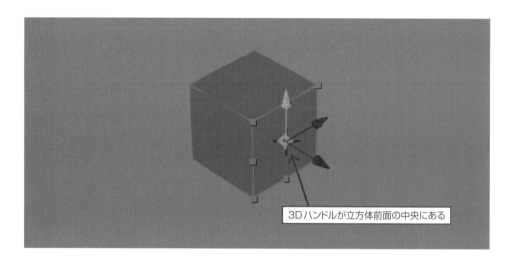

3Dハンドルが立方体前面の中央にある

「A」キーを押して「アンカーポイント」プロパティを開きます。通常の2Dでは「位置」や「アンカーポイント」の値は「X位置」と「Y位置」の2つですが、3Dになるとそれに「Z位置」が加わります。初期値は「0.0、0.0、0.0」です。アンカーポイントを立方体の中心、つまり一辺の半分の距離まで奥に移動したいので、右の「Z位置」に「150」と入力します。そうすると「3D軸」の位置はそのままに立方体が前に移動します。これでアンカーポイントは立方体の中心に移動しました。

1	★ シェイプレイヤー1	🐟 ✳ /	🔲 ⬡	
Ŏ アンカーポイント		0.0,0.0,150.0		I

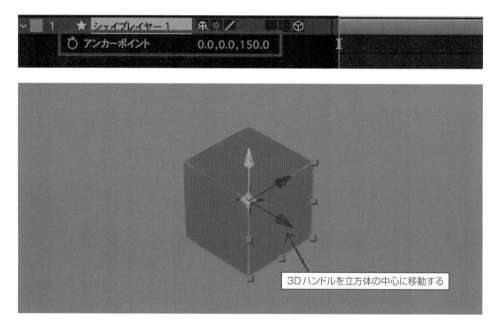

3Dハンドルを立方体の中心に移動する

「3D軸」の位置が「カスタムビュー 1」ではわかりづらいかもしれませんが、「3Dビュー」を「レフトビュー」にして左からの視点に切り替えると、アンカーポイントが奥行き方向でも立方体の中心にあることがわかります。これで立方体の準備は完了です。「3Dビュー」を再び「カスタムビュー 1」に戻しておいてください。

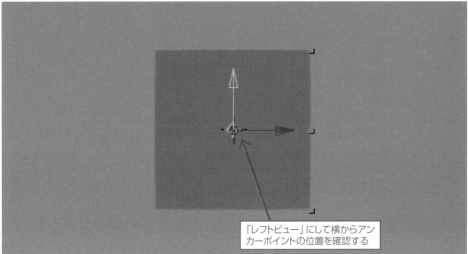

「レフトビュー」にして横からアン
カーポイントの位置を確認する

ライトを
追加する

　初期状態では立方体のすべての面が同じ色で立体感がありません。そこで 3D 空間に
ライトを追加し、立方体を照らして陰影をつけましょう。「レイヤー」メニューか [タイムラ
イン] の余白を右クリックして「新規」から「ライト」を選びます。「ライト設定」ダイアログ
が開くので、ライトの設定を行います。ライトの詳しい解説は「第 6 章 立体」で行うので、
ここでは「ライトの種類」を「スポット」にするだけでかまいません。これは懐中電灯のよう
な指向性のあるライトです。

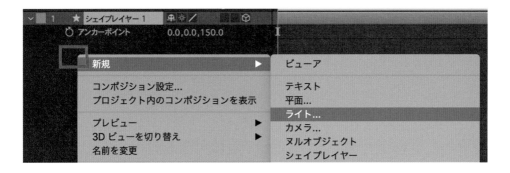

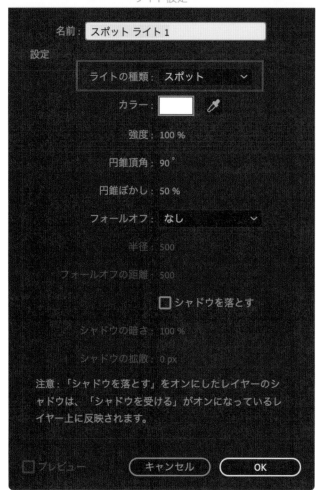

「ライト設定」ダイアログの「OK」をクリックすると、[タイムライン] に「スポットライト」
レイヤーが追加されます。立方体を見ると、前面にスポットライトが当たり、側面は真っ黒
です。これは真っ暗な空間にライトが 1 つだけしかない状態です。そこで、空間全体を照
らすライトも追加します。

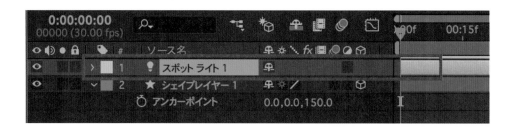

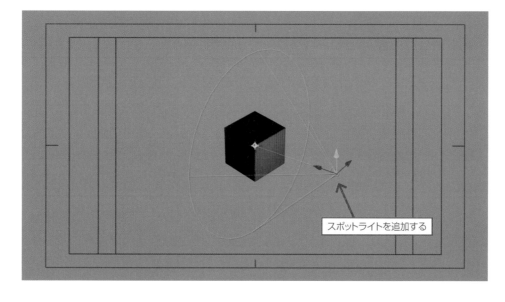

スポットライトを追加する

再びメニューの「新規」から「ライト」を選び、「ライト設定」で「ライトの種類」を「アンビエント」にします。「アンビエント」とは「環境」という意味で、太陽のような環境光です。太陽が強いと明るくなりすぎるので、「強度」を「50%」にして「OK」をクリックします。

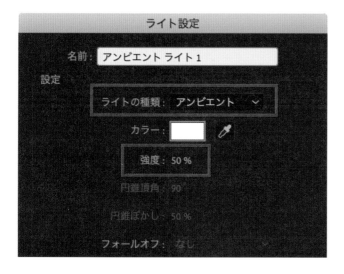

立方体の他の面にも光が当たるようになりました。3Dでは立方体の光の反射度合いやライトの照らす範囲など細かく設定できますが、ここでは概要をつかむだけにしておきましょう。詳細は「第6章 立体」で実践します。

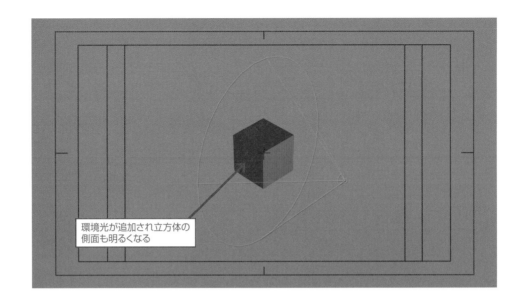

環境光が追加され立方体の
側面も明るくなる

　ここまでは「3Dビュー」を「カスタムビュー１」にしていましたが、最終的に映像として
出力されるのは初期の「アクティブカメラ」です。3D化の基本操作は完了したので、「3D
ビュー」を「アクティブカメラ」に戻します。

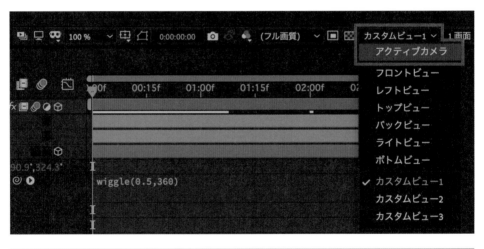

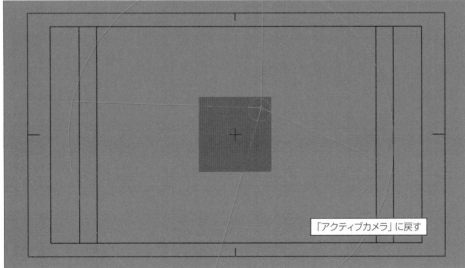

「アクティブカメラ」に戻す

ランダムに
立体回転させる

最後に立方体をランダムに回転させましょう。「シェイプレイヤー」を選んで「R」キーを押し、「回転」プロパティを開きます。2Dでは「（回転数）＋（角度）」の１つの値でしたが、3Dの場合は「X回転」「y回転」「Z回転」という個々の軸の回転に加えて、「方向」という３つの軸をまとめてコントロールするプロパティがあります。

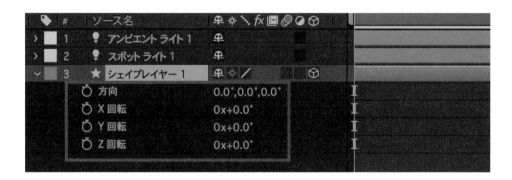

　ここではあらゆる方向にランダムに回転させたいので、「方向」プロパティにエクスプレッションを追加します。ストップウォッチマークを、Windowsは「Alt」、macOSは「option」を押しながらクリックしてエクスプレッションを追加します。

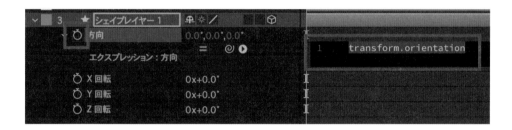

　「wiggle」エクスプレッションで立方体を回転させますが、ここではゆっくり大きく回転させたいので「wiggle(0.5,360)」と入力しました。「１秒に0.5回（＝２秒に１回）、360度の幅で回転させろ」という命令文です。

　再生すると、立方体がランダムに回転します。スポットライトが当たっているので立体の雰囲気も出ています。これで立方体の回転が完成しました。

図解 回転に予告と余韻をつける

ただ回転させるだけでなく、予告や余韻をつけることによって、
よりリアルなモーションをつけることができます。

▶…回転の予告

「予告」とは予備動作のことです。これから何が起きようとしているのかを伝える役
目があります。

◉ 予備動作なし

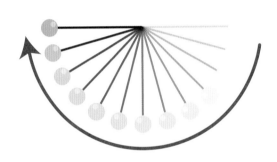

振り子を離すときに予
備動作がない場合は単
調な動きになりがち

◉ 予備動作あり

持ち上げる

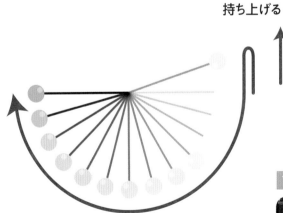

上に持ち上げる動作が
少し加わるだけで勢い
のある動きを表現できる

TIPS

値グラフで見ると、最初が少し沈んでいる
のがわかります。

▶… 回転の余韻

　「余韻」は予備動作の反対です。たとえば、走っている人が、いきなりピタッと止まるのは不自然で、次第に減速して最後に止まるという余韻を与えることでリアルな動きを表現できます。

◉ 余韻なし

予備動作なし

ピタッと止まると機械的

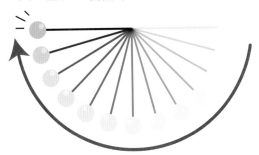

振り子をが反対側まで到着したときにピタッと止まってしまうと、機械的な印象になる

◉ 余韻あり

予備動作あり

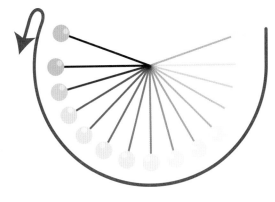

振り子が通り過ぎて止まると勢いが強かったことを印象づける

TIPS

値グラフで見ると、最後の前が少し上にふくらんでいるのがわかります。

予備動作と余韻を入れることで動きにリズムが生まれてくる

予備動作　　　　アクション　　　　余韻

図解 Squash & Stretch

アニメーションの基本にSquash（つぶす） & Stretch（伸ばす）が
あります。動きが速くなると物体が歪んで見える状況などを再現で
きます。うまくモーションに組み込んで表現の幅を広げましょう。

▶… 伸び縮み

昔のアニメーションによく見られた誇張した動きになりますが、リアルなモーションでは
地味になってしまうような場合は、ある程度誇張した表現も効果的かもしれません。状況
に応じて使い分けられるようにしましょう。

◉ スピード感を出す

車がそのままアニメーションするだけではなく、途中に伸びたり縮んだりする動きを入
れることでダイナミックな動きになります。

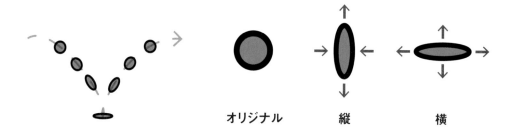

加速する動き　　　　　　　　　**停止する動き**

伸びる　　　　　　　　　　　　　縮む

◉ 質量は変わらない

伸び縮みする際には質量が変わらないように注意しましょう。質量が変わってしまうと違
和感が発生してしまいます。

オリジナル　　　　縦　　　　　横

4

文字

タイトルなどに使用する文字を個性的にするための
さまざまな演出をためしてみましょう。

図解 文字設定の基本

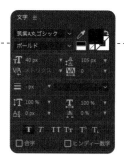

文字にはフォント（文字のデザイン）、サイズ（文字の大きさ）、行の間隔、文字の間隔、文字の色など、さまざまな属性を設定できます。

▶… 文字パレット

文字パレットの主な機能をみていきましょう。文字の設定に何があるのかを把握して効率よく作業できるようにしましょう。

フォントファミリー

フォントの種類を切り替える

線と塗り

文字の塗りと線の色の調整

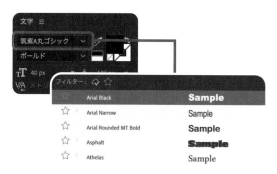

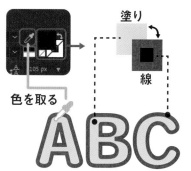

フォントサイズ

文字の大きさ

行送り

行の間隔を調整

カーニング

文字間隔の調整

トラッキング

選択した文字の右間隔を調整

線幅

文字の線幅を調整

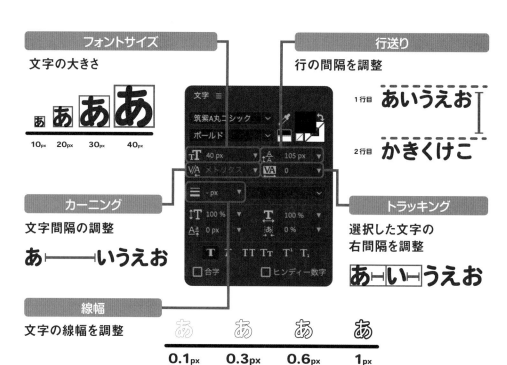

垂直比率

文字の縦の比率を調整

水平比率

文字の横の比率を調整

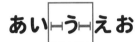

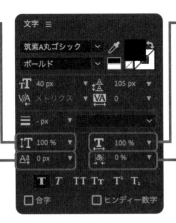

ベースラインシフト

文字ごとの高さ調整

文字詰め

文字の前後の間隔を
同時に調整

あい→う←えお

▶… 文字のプロパティ

文字には専用の機能が詰まっています。その中からモーションに使える機能を紹介します。

パス

パスに沿って文字を整列

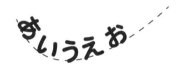

反転パス

文字を反転する

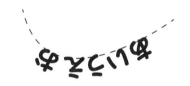

パスと直角

パスに対して直角に配置

均等整列

パスに対して均等に配置

最初のマージン

最初の文字の前の間隔を調整

最後のマージン

最後の文字の後の間隔を調整

図解 文字ならではのモーション

テキストレイヤーには文字のアニメーション機能が数多くあります。1文字ごとにコントロールできるので表現の幅が広がります。

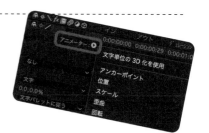

▶… 主なアニメーターの機能

「テキスト」プロパティの「アニメーター」にはテキストモーション用のさまざまな機能が用意されています。

位置

文字ごとに移動する

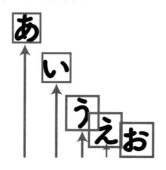

スケール

文字ごとに大きさが変わる

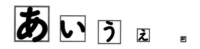

回転

文字ごとに回転

不透明度

文字ごとに透明度を変える

あいうえお

TIPS

アニメーターは複数の要素を組み合わせることが可能です。

位置 ＋ スケール ＋ 回転 ＋ 不透明度

▶…アニメーター高度のおすすめ機能

「アニメーター」プロパティを追加すると、複雑な動きを制御する「高度」の項目が追加されます。中でもアニメーターの動きで欠かせないのが「イーズ（高く）」「イーズ（低く）」です。

動きが等速

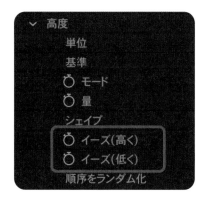

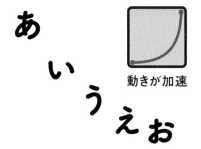

動きが加速

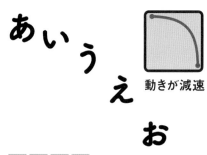

動きが減速

T I P S

両方を使うと加速して減速する動きになります。

▶…レイヤーで文字内容を変える

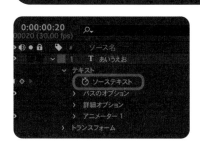

ソーステキストはキーフレームを打ち、時間軸に沿って文字内容を変えられます。

01 手書き文字のアニメーション風にする

テキストを手書きアニメーションのようにジラジラ揺らしてみましょう。これはテキスト自体の持つアニメーション機能ではなく、文字からシェイプを作成して行います。

STEP 1 テキストを入力する

　新規コンポジションでテキストレイヤーを作成します。コンポジションのデュレーションは短くてかまわないので、ここでは「2 秒」にします。

　テキスト入力後、手書きらしいゴシック体で太字の文字にします。また、マジックで書いたアウトライン文字のようにしたいので、「線」は「10px 以上の太さ」で色は「黒」にし、「塗り」は「なし」にします。ここでは線の太さが 15px のゴシック体で「M G」と入力しました。これからこの文字の線をジラジラ揺らします。

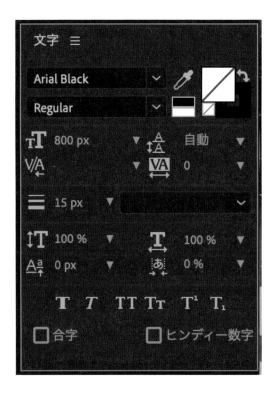

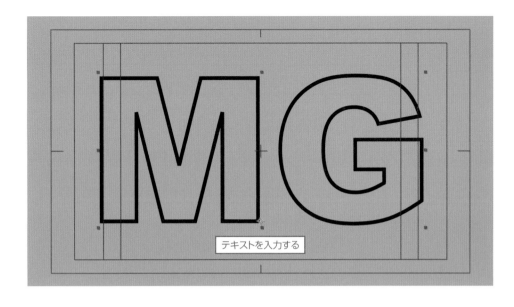

STEP
2
テキストからシェイプを
作成する

入力したテキストからシェイプを作成します。[タイムライン]の「テキストレイヤー」もしくは [コンポジション] パネルのテキストを右クリックし、メニューの「作成」から「テキストからシェイプを作成」を選びます。

テキストのアウトラインパスを持つ新しいシェイプレイヤー「アウトライン」が作成され、「テキストレイヤー」は非表示になります。[コンポジション] パネルは何の変化も無いように見えますが、表示されているのはテキストの形状をしたシェイプです。

テキスト形状のシェイプレイヤーを作成する

「アウトライン」レイヤーを開くと、1 文字ずつのシェイプが格納され、それぞれに「パス」「線」「塗り」「トランスフォーム」のプロパティが存在します。これらのプロパティで文字のシェイプを調整することができます。

まずはじめに調整するのが、アウトラインの角です。初期設定ではアウトラインの角が角ばっていて手書きらしくありません。そこで、「線」プロパティの「線の結合」を「マイター」から「ラウンド」に変更して角を丸めます。これをすべての文字に対して行います。

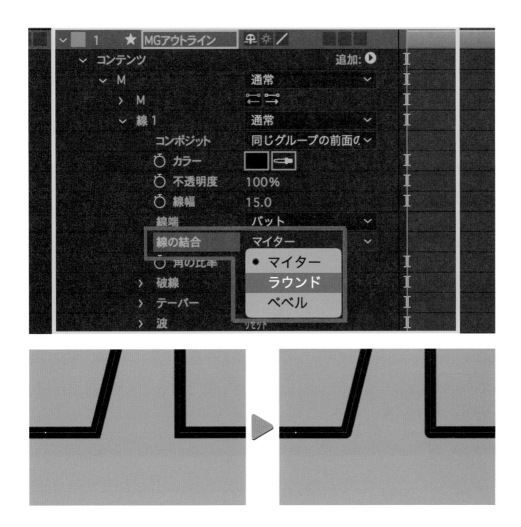

これでアウトラインを揺らす文字のベースができました。

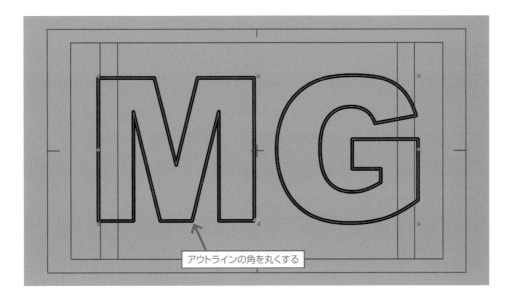

アウトラインの角を丸くする

　シェイプのアウトラインテキストをジラジラ揺らしましょう。「アウトライン」レイヤーの「コンテンツ」プロパティを選択した状態で、右にある「追加」をクリックしてメニューから「パスのウィグル」を選ぶと、「M」と「G」の下に「パスのウィグル」プロパティができます。

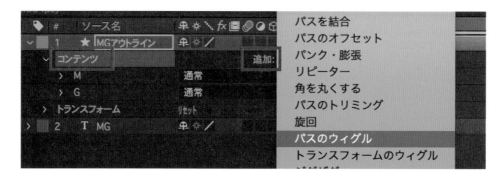

「パスのウィグル」プロパティが追加されると、アウトラインの形状が波打ちます。

　波が細かいので、手書きの線の揺れのような大きな波にします。「パスのウィグル」プロパティを開いて「ディテール」の値を下げます。ここでは「10」から「2」にしました。そうすると線の波が緩やかになります。

　このまま再生すると、アウトラインが波に揺れるようなゆっくりとした揺らぎになります。これを手書きアニメーションのようにジラジラと速く揺らします。「ウィグル／秒」の値を初期値の「2」から「15」に変えて、1秒に15回揺らぐようにします。

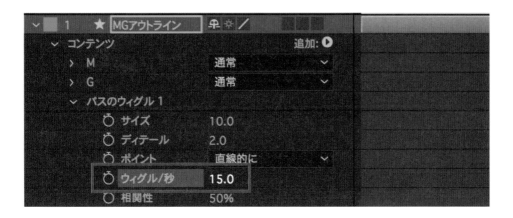

　再生すると、アウトラインテキストがジラジラ揺れて、手書き文字のアニメーションのようになります。これで完成です。

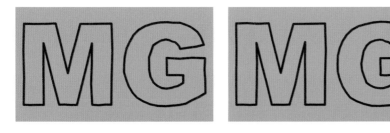

M E M O　1文字だけ揺らす

「M」か「G」どちらかのプロパティを選択した状態で「パスのウィグル」を追加すると、選択した文字だけに「パスのウィグル」が追加され、その文字だけが波打ちます。

02 スケッチ文字の アニメーション風にする

エフェクトを使って、手書きで塗りつぶした文字のようなアニメーションをつくってみましょう。先ほどは文字からシェイプを作成しましたが、ここでは文字からマスクを作成します。

STEP 1 テキストから マスクを作成する

「4-01 手書き文字のアニメーション風にする」(P.144) と同じ設定のコンポジションとテキストを使います。同じ操作でテキストレイヤーを作成して文字の設定をしますが、マスクをつくるのは文字のパスなので、フォントとサイズだけが重要となり、線や塗りの設定はマスクに反映されません。

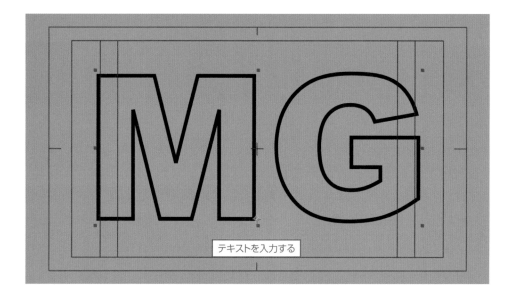

テキストを入力する

　入力したテキストからマスクを作成します。[タイムライン]の「テキストレイヤー」もしくは「コンポジション」パネルのテキストを右クリックし、メニューの「作成」から「テキストからマスクを作成」を選びます。

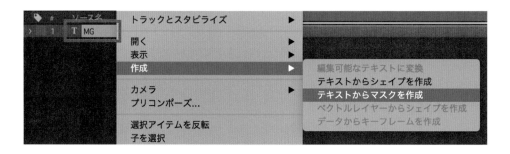

テキストのマスクを持つ新しい平面レイヤー「アウトライン」が作成され、「テキストレイヤー」は非表示になります。

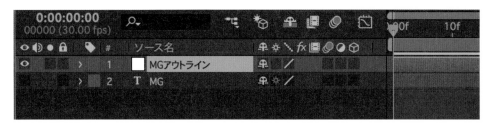

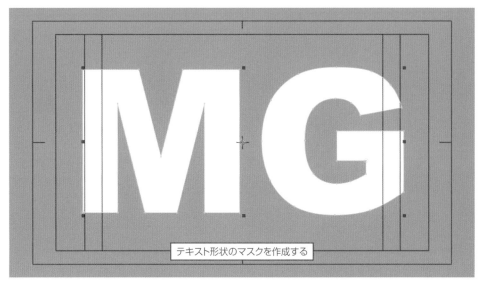

テキスト形状のマスクを作成する

「アウトライン」レイヤーを開くと、1文字ずつのマスクがあり平面を文字の形に切り取っています。スケッチ文字で使うのは文字の形状であるマスクのパスだけなので、これらのマスクのプロパティを操作することはありません。

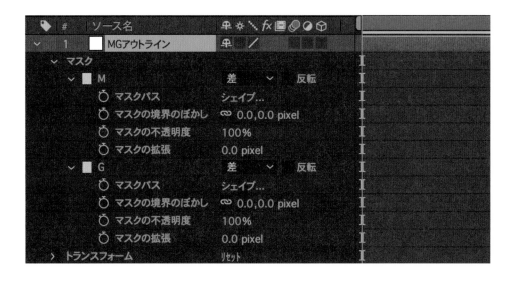

スケッチのような
塗りにする

「アウトライン」レイヤーを選択した状態で、[エフェクト＆プリセット] パネルの「描画」にある「落書き」をダブルクリックして適用します。

「落書き」エフェクトが適用されると、1 文字だけが手書きスケッチのように塗りつぶされます。

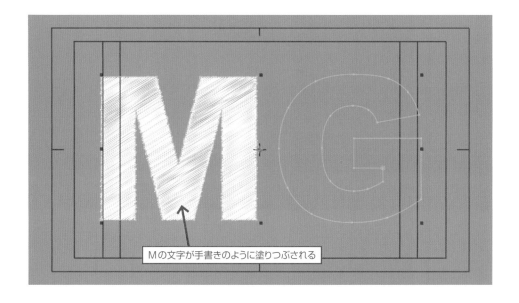

Mの文字が手書きのように塗りつぶされる

すべての文字をスケッチ風にするために、[エフェクトコントロール]パネルにある「落書き」エフェクトのプロパティを開きます。一番上の「落書き」プロパティが「単一マスク」になっているので、クリックしてメニューから「すべてのマスク」を選びます。これですべての文字がスケッチ風に塗りつぶされます。

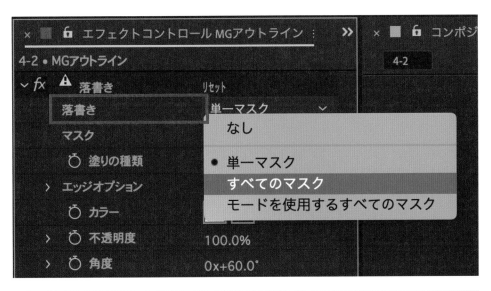

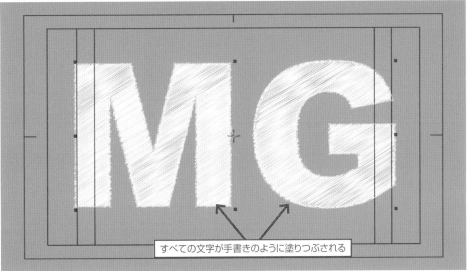

すべての文字が手書きのように塗りつぶされる

　再生すると、スケッチのストロークが手書きアニメーションのようにジラジラと揺れます。この揺れる速度は「ウィグル／秒」プロパティで調整します。ここでは先ほどの手書き文字アニメーションと同じく「15」にしましょう。これでスケッチ文字のようなアニメーションが完成です。

スケッチ文字のアニメーション風にする

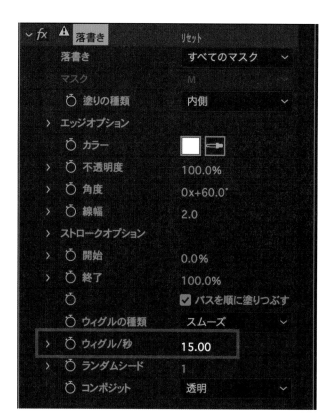

スケッチの設定を
変える

「落書き」エフェクトには他にもスケッチのストロークを調整するプロパティがあるので、
参考までに紹介します。

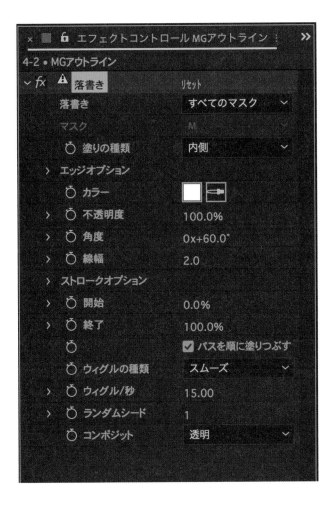

　まず「塗りの種類」プロパティで、ストロークの位置をマスクの内側でなくエッジの上に
することもできます。

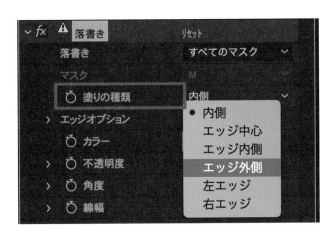

文字のアウトラインが手書きのように塗りつぶされる

「カラー」「角度」「線幅」プロパティで、ストローク自体を変更できます。

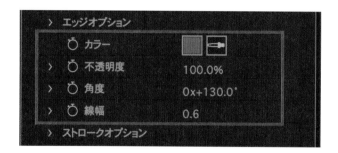

手書きストロークの色や角度が調整できる

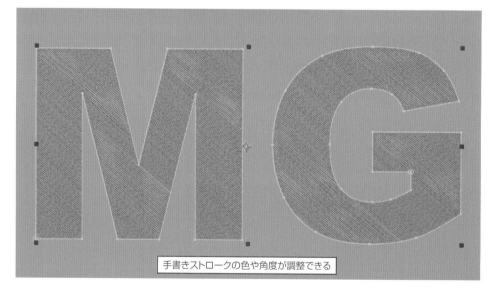

「終了」プロパティに「0」から「100」のキーフレームを設定すると、何もない状態からストロークが現れてくるアニメーションになります。

このとき、「パスを順に塗りつぶす」のチェックを外すと個々の文字で同時にストローク
が現れるようになります。いろいろ試して好みのストロークのアニメーションに仕上げてく
ださい。

4

文字

03 文字を変形させる

文字から作成したシェイプのパスを変形させてオリジナル文字にすることができます。また、シェイプの持つプロパティを追加して文字を変形させることもできます。

STEP 1 テキストから シェイプを作成する

「4-01 手書き文字のアニメーション風にする」（P.144）と同じ設定のコンポジションとテキストを使います。同じ操作でテキストレイヤーを作成してテキストの設定をしますが、ここでは変形させることを重視して「塗り」が「黒」、「線」が「なし」のテキストにしましょう。このテキストからシェイプを作成します。

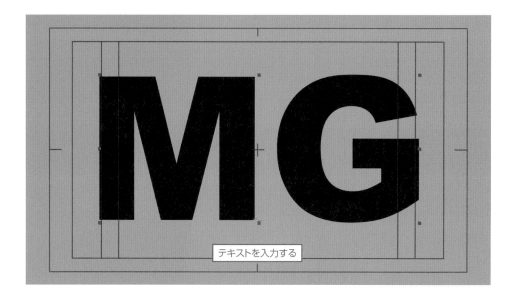

テキストを入力する

　[タイムライン]の「テキストレイヤー」もしくは「コンポジション」パネルのテキストを右クリックし、メニューの「作成」から「テキストからシェイプを作成」を選びます。

テキストのアウトラインパスを持つ新しいシェイプレイヤー「アウトライン」が作成され、「テキストレイヤー」は非表示になります。このアウトラインのシェイプレイヤーを操作して文字を変形させます。

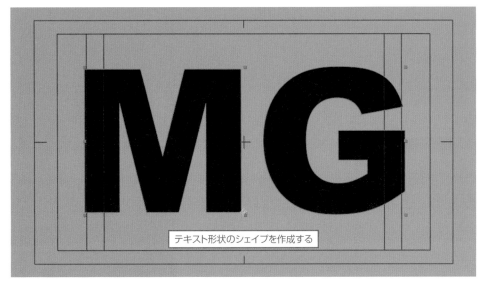

テキスト形状のシェイプを作成する

STEP
2

パスで
変形させる

「アウトラインレイヤー」を開くと、「M」と「G」1文字ずつのプロパティができています。ここでは最初の1文字「M」を変形させますが、その前に変形操作のコツを説明します。

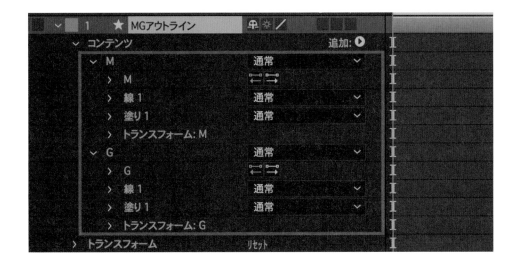

変形は「パス」プロパティで行いますが、変形の途中で元の形に戻したい場合や、いくつかの変形パターンを試したい場合があります。そのために「パス」プロパティにキーフレームを設定し、そのフレームで操作します。たとえば、最初の「0フレーム」のキーフレームはオリジナル形状のパス。「5フレーム」にもキーフレームを設定し、そのフレームで変形させる、というわけです。変形形状が決まったら、そのキーフレームを残して後は削除します。

もう一つコツがあります。パスの操作がしやすいようにパスの色を見やすくすることです。レイヤーの「ラベル」の色がパスの色になるので、たとえば「レッド」などの目立つ色にしておきます。

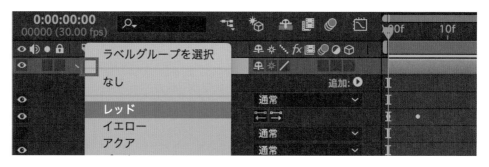

では変形の操作をしていきましょう。まず「M」プロパティをクリックしてパスを表示させます。「パス」プロパティをクリックするとすべてのパスが選択されてしまうので、「M」プロパティをクリックし、パスを表示するだけで選択されていない状態にします。

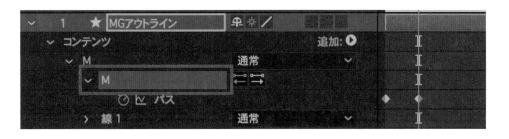

［コンポジション］パネルで任意のポイントをドラッグして文字を変形させていきます。

ポイントをドラッグする

オリジナル形状のキーフレームを残して変形のアニメーションをつくることもできます。

MG **MG** **MG** **MG**

STEP
3

グラデーションの
塗りにする

変形ではありませんが、プロパティを追加してグラデーションの塗りにすることもできるので、実際にやってみましょう。「M」プロパティの中には「線」と「塗り」のプロパティがあり、シェイプの塗りと線を設定しますが、ここにグラデーションのプロパティを追加します。

　「M」プロパティを選択した状態で「コンテンツ」の「追加」をクリックし、メニューから「グラデーションの塗り」を選びます。そうすると「塗り」の上に「グラデーションの塗り」プロパティが追加され、最初の「塗り」の設定より優先されます。

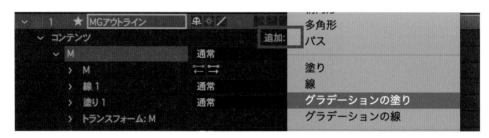

　「グラデーションの塗り」プロパティを開いて「カラー」プロパティの「グラデーションを編集 ...」をクリックします。

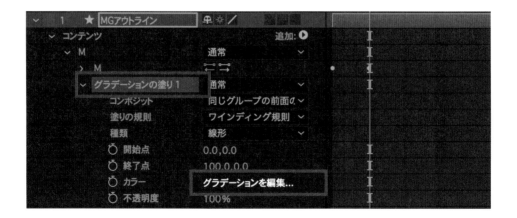

　「グラデーションエディター」が開くので、ここでグラデーションの色を指定し、「OK」をクリックします。ここでは赤と黒のグラデーションにしました。この状態ではまだ「M」の文字がグラデーションになっていません。まずはグラデーションの設定を行い、次に範囲を指定してグラデーションの塗りにします。

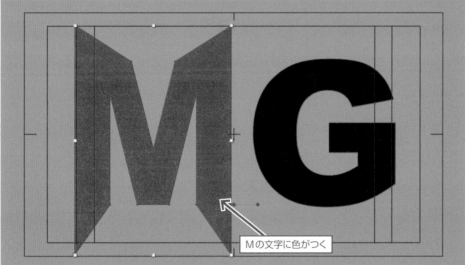

M の文字に色がつく

「種類」プロパティでグラデーションを「線形」か「円形」かを選びます。ここでは「線形」のグラデーションにしました。

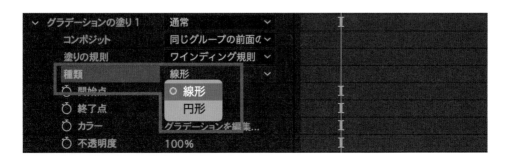

　グラデーションの開始と終了は「開始点」と「終了点」プロパティで設定します。数値を
ドラッグしてグラデーションを設定することもできますが、ここでは視覚的に設定してみま
しょう。「グラデーションの塗り」プロパティが選択された状態で［コンポジション］パネル
の「M」の文字の右下を見ると、ハンドルが伸びていることがわかります。これがグラデー
ションのハンドルです。

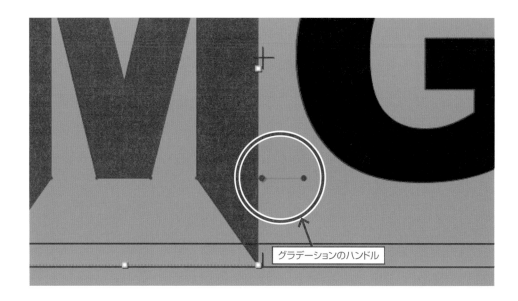

グラデーションのハンドル

ハンドルをドラッグするとグラデーションの状態が変化します。

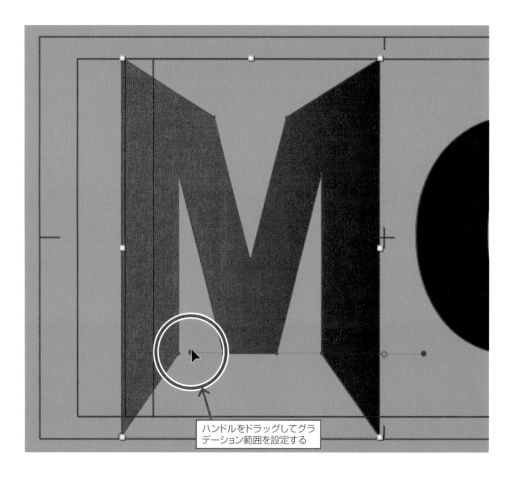

ハンドルをドラッグしてグラ
デーション範囲を設定する

このハンドル操作で好みのグラデーションにします。

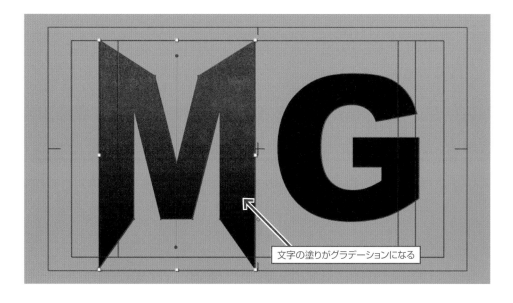

文字の塗りがグラデーションになる

「開始点」と「終了点」プロパティのキーフレームを使ってグラデーションが変化する効果をつくることもできます。

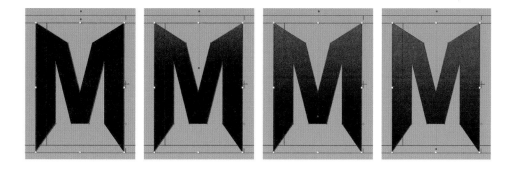

STEP
4

角を
丸くする

　さらにプロパティを追加して文字を変形してみましょう。違いがよくわかるように「M」だけを変形させます。「M」プロパティを選択した状態でコンテンツ」の「追加」をクリックし、メニューから「角を丸くする」を選びます。

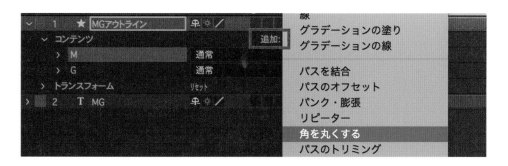

そうすると「M」プロパティの中に「角を丸くする」プロパティが追加され、その中の「半径」の値を上げるとパスの頂点が丸くなっていきます。

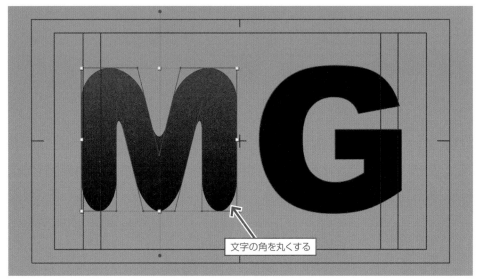

文字の角を丸くする

「半径」プロパティのキーフレームを使って角の丸みが変化する効果をつくることもできます。

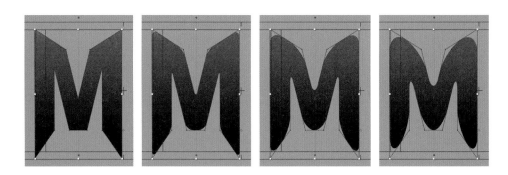

5 渦巻き状にする

最後に文字を渦巻き状にしてみましょう。ここでも「M」だけを変形させます。「M」プロパティを選択した状態でコンテンツ」の「追加」をクリックし、メニューから「旋回」を選びます。

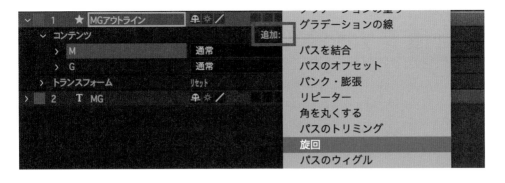

そうすると「M」プロパティの中に「旋回」プロパティが追加され、その中の「角度」プロパティの値を上げると「M」が時計回りにねじれていき、渦巻き状になっていきます。

文字が渦巻き状にねじれる

この「旋回」は変形したままにするより、「角度」プロパティのキーフレームを使って渦巻きのアニメーションをつくるほうが用途が多いでしょう。

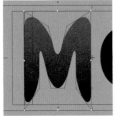

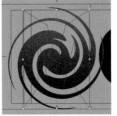

図解 プリセットのテキストモーション

テキストアニメーションをつくると
きに便利な機能があります。エフェ
クト＆プリセットの中のアニメー
ションプリセットです。

▶…アニメーションプリセット

テキストアニメーションにはいくつかのカテゴリに分
かれています。いくつかの特徴を紹介します。

3D Text → 3Dパスに沿ってスイング

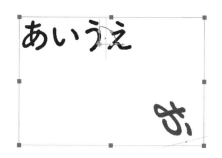

文字を3D化し、パスに沿って
アニメートする

Animate In → タイプライタ

一文字ずつ文字が
出現するアニメーション

Animate Out → 文字の雨（アウト）

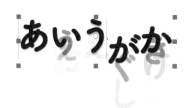

文字が下に雨のように
落ちていくアニメーション

Blurs → トランスポータ

ボケた文字が1文字ずつ
出現するアニメーション

Curves and Spins → らせんアウト

文字が螺旋状に回転して
消えていくアニメーション

Fill and Stroke → パルス（オレンジ）

文字の線幅や塗りが
アニメーションしていく

Expressions → テキストバウンス

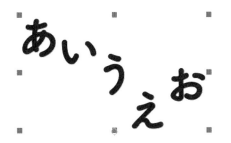

エクスプレッションを使った
文字のバウンドアニメーション

04 立体文字をつくる

テキストを立体にすることができます。3D空間の概念とアニメーションの操作方法は「第6章 立体」で行うので、ここではテキストを立体化する操作を実践してみましょう。

STEP 1 テキストを 3Dにする

　テキストを立体にするまでの操作をするのでコンポジションのデュレーションは何秒でもかまいません。ここでは「2秒」にします。また、印刷物の飾り文字のような立体文字にしたいので、背景色は「白色」にします。次に「レイヤー」メニューの「新規」から「テキスト」を選んで新規テキストレイヤーを作成し、立体にするテキストを入力します。

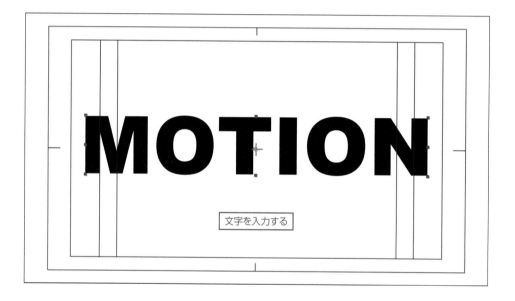

文字を入力する

　色は立体にした後で設定するので、入力するときはわかりやすい色にしておきます。ここでは「塗り」を「黒色」で「線」を「なし」にしました。また、フォントは立体化がわかりやすいように太ゴシックにしてサイズも大きくしました。

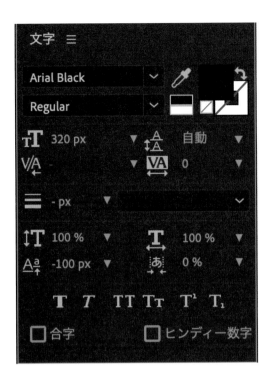

「テキストレイヤー」の「3Dレイヤー」にチェックを入れます。[コンポジション]パネルを見ると、四角の中心に3Dハンドルが表示されています。これで「3Dレイヤー」になっていることがわかります。

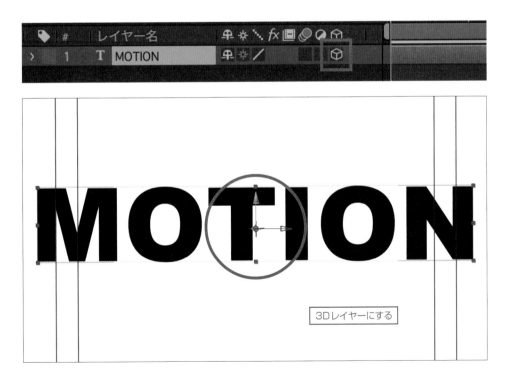

3Dレイヤーにする

　テキストを立体にするために、文字を奥行き方向に押し出します。After Effectsには3D描画のための2種類の「レンダラー」が存在しており、「押し出し」ができるのは「CINEMA 4D」です。レンダラーを選択するために、[コンポジション]パネルの右上にある「レンダラー」に表示されている現在のレンダラー名をクリックします。

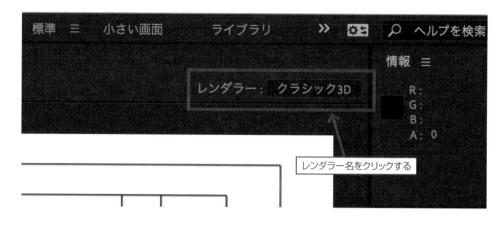

「コンポジション設定」ダイアログが開くので、この中の「レンダラー」を「CINEMA 4D」に変更して「OK」をクリックします。これでシェイプの押し出しができるようになりました。

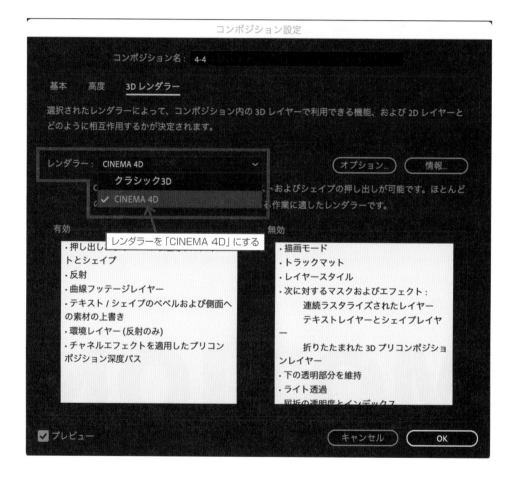

　押し出される様子がわかるように、[コンポジション]パネルの下部にある「3Dビュー」を「カスタムビュー 1」にします。そうすると 3D 空間を斜め上から見る視点に切り替わります。

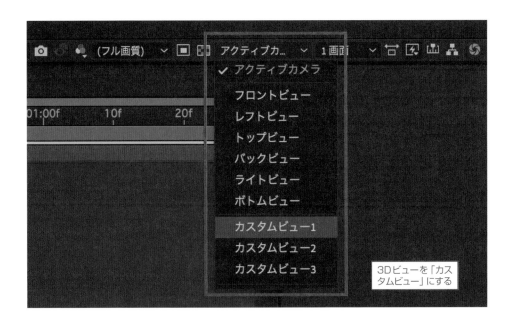

3Dビューを「カス
タムビュー」にする

MEMO 3D空間の視点距離を変える

立体物を動かさず、視点を近づけたり遠ざけたりしたい場合は、空間を写しているカメラを動かします。「ツールパネル」の「カメラツール」をクリックし、メニューから「Z軸カメラツール」を選びます。そのツールで[コンポジション]パネル内をドラッグすると、視点が奥行きに向かって前後します。「XY軸ツール」では視点を上下左右に動かすことができます。「カメラツール」は「C」キーを押すごとに切り替えることができるので、ツールの機能を理解した後はこのショートカットで切り替えると便利です。

画面上をドラッグする

「テキストレイヤー」の「形状オプション」プロパティを開き、「押し出す深さ」に奥行きのサイズを入力します。ここでは「100」と入力してみましょう。すると、テキストが押し出されて立体になります。しかし、立体文字は真っ黒で立体感がよくわかりません。

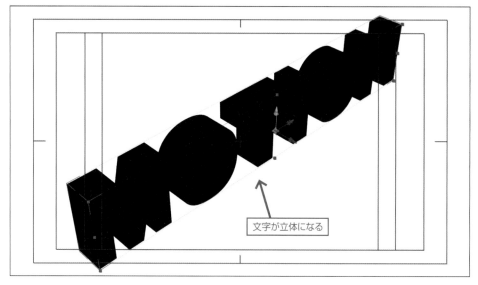

文字が立体になる

STEP 2 立体の色を設定する

立体文字の面ごとの色と角の形状を設定してみましょう。まずは面ごとの色です。初期状態では、面の色の設定プロパティはありません。そこで、「テキスト」プロパティの右にある「アニメーター」でプロパティを追加します。まずは前面の色です。「アニメーター」のメニューから「前面／カラー／ RGB」を選びます。

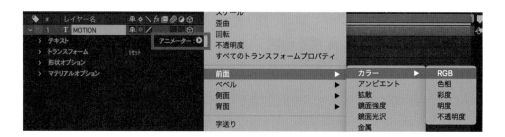

テキストレイヤーに「アニメーター」プロパティが追加されます。その中に「前面のカラー」があり、立体文字の前面がその色になります。

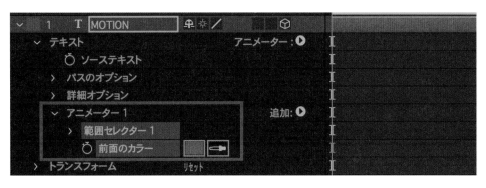

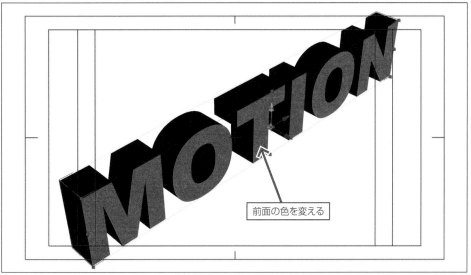

前面の色を変える

次に側面の色を「アニメーター」に追加します。「追加」メニューから「プロパティ／側面／カラー／ RGB」を選びます。

追加される「側面のカラー」プロパティは初期状態では前面と同じ色なので、カラーが表示されている部分をクリックし、「側面のカラー」を開いて色を変更します。側面の色を前面の色より暗い色にすればグラフィカルな陰影表現になります。

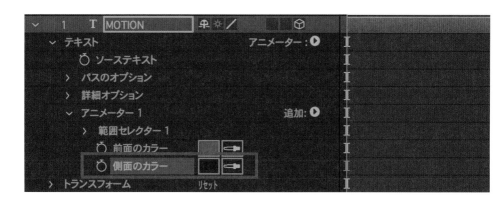

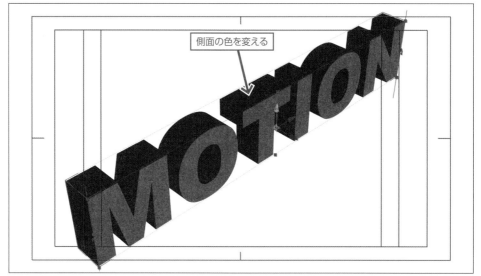

側面の色を変える

STEP 3

角の形状を設定する

続いて面の角の形状です。初期状態では角は直角ですがこれを切り落とします。切り落とし面を「ベベル」と呼び、「形状オプション」プロパティの「ベベルのスタイル」でベベルの形状を選びます。ここでは角を単純に切り落とす「角型」にします。

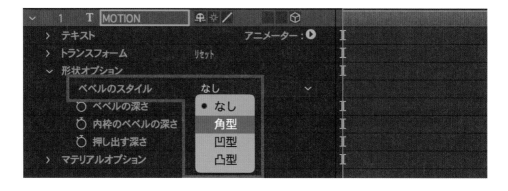

ベベルの形状がわかりやすいように切り取り面積を広げてみましょう。ここでは「ベベルの深さ」プロパティの値を「10」にして角の切り取り面積を大きくしました。

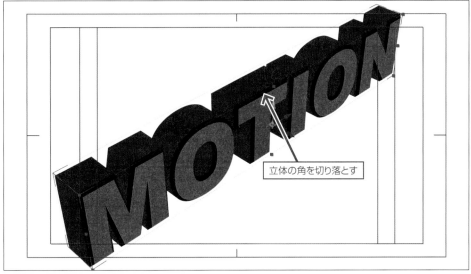

立体の角を切り落とす

ベベルにも色をつけましょう。「アニメーター」プロパティの右の「追加」をクリックしてメニューから「プロパティ／ベベル／カラー／ RGB」を選びます。

「アニメーター」に「ベベルのカラー」が追加されるので、色を変更します。ここでは「黄色」にしました。

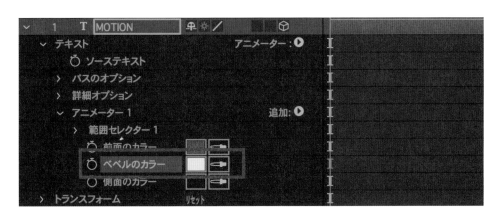

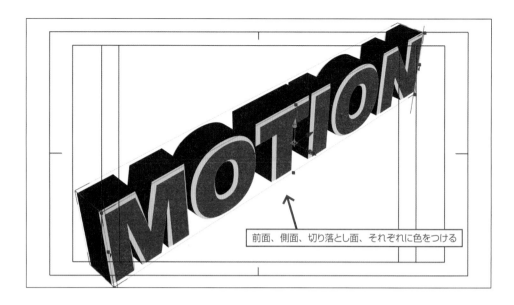

前面、側面、切り落とし面、それぞれに色をつける

　それぞれの面をまったく別の色にしても楽しい立体文字になります。好みの色を試してみてください。

「回転」プロパティを使って立体文字を回転させることもできます。ただしその場合「3D
ビュー」は「アクティブカメラ」でレンダリングされるので注意して下さい。

　ここでは解説しませんが、After Effects の持つ 3D 機能ではライトを追加して影を落
としたり、鏡のように反射させることもできます。

05 ランダムな数字を表示する

SFやアクション映画に登場するディスプレイの中に細かい数字が絶え間なく動いているのを見たことがあると思います。そういったランダムに数字を刻む文字をつくってみましょう。

STEP 1 エフェクトで数字を表示する

数字の変化をある程度見せたいので、コンポジションのデュレーションは「3秒」に設定します。ランダム数字は平面にエフェクトを適用してつくるので、「レイヤー」メニューの「新規」から「平面」を選んで新規平面を作成します。平面の色は何色でもかまいません。

「平面レイヤー」を選択した状態で[エフェクト&プリセット]パネルの「テキスト」にある「番号」をダブルクリックします。

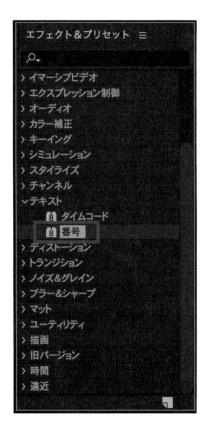

「番号」ダイアログボックスが開くので、数字に使う「フォント」「スタイル」「方向」「行揃え」を選んで「OK」をクリックします。また、カウンターの数字にしたいので、「方向」は横書きの「水平」、「行揃え」は「右揃え」にします。

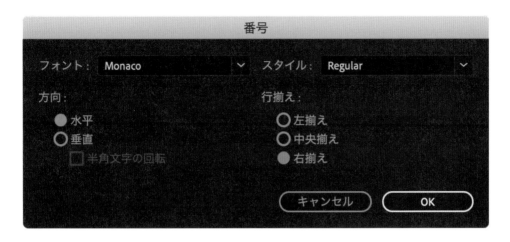

　平面が透明になり、赤い数字だけが表示されます。この数字をランダムに変化させます。

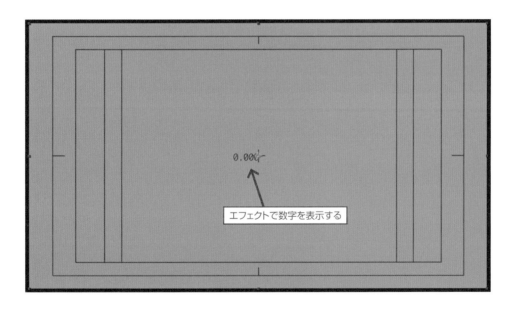

エフェクトで数字を表示する

STEP 2　テキストの設定をする

　最初に、数字の見栄えを調整します。[エフェクトコントロール] パネルに「番号」エフェクトのプロパティがあるので、この中の「サイズ」で数字の大きさ、「塗りのカラー」で数字の色、「トラッキング」で文字間を変えます。

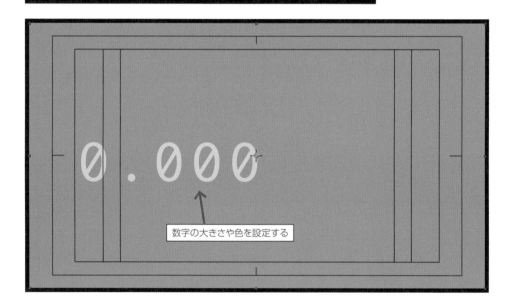

数字の大きさや色を設定する

　「プロポーショナル文字間隔」プロパティは、文字ごとに文字幅を変えて読みやすくする機能です。しかし、カウンターの場合は常に同じ文字幅のほうが表示がちらつかないので、「プロポーショナル文字間隔」は「オフ」にしたほうがよいでしょう。

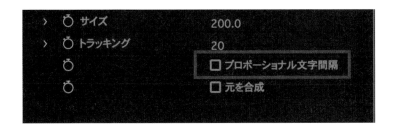

　数字の位置は「番号」エフェクトの「位置」プロパティで変えます。このエフェクトを適用している「平面レイヤー」の「位置」プロパティでも位置を変えられますが、ひとつの平面に複数の「番号」エフェクトを適用することもできるので、レイヤーのプロパティは変えず、エフェクトのプロパティで数字の位置を変えましょう。

　ここでは見やすくするために、画面中央に表示される大きな数字の設定にしましたが、実際はディスプレイのデザインに合わせて位置やサイズ、色などの見栄えを設定します。

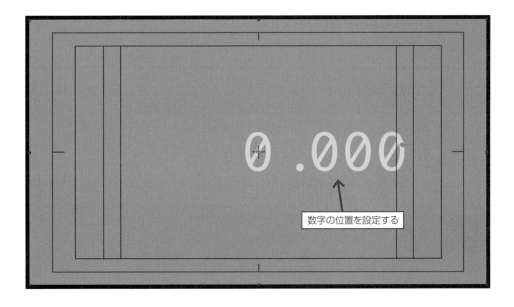

数字の位置を設定する

STEP
3
ランダムに
数値を変える

　数字をランダムに変化させましょう。操作は実に簡単です。「番号」エフェクトの「乱数値」プロパティにチェックを入れるだけです。これだけで数字がランダムに変わるようになります。

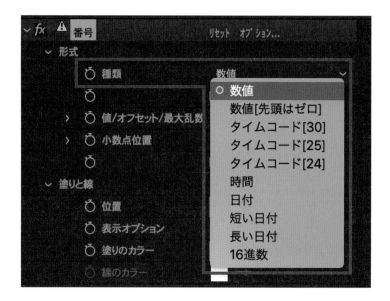

「種類」プロパティで表示の種類が「数字」「タイムコード」「日付」などの中から選べます。ここではランダム表示の数字カウンターをつくっているので初期設定の「数値」のまま進めます。

「値/オフセット/最大乱数」プロパティで、乱数の中心となる数値を指定します。初期値は「0」ですが、実はこれは「最大範囲の乱数を発生させる」設定です。変化量の少ないランダム値をつくる場合は「0」以外の値にします。

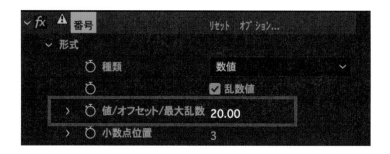

「小数点位置」で小数点以下の桁数を指定して、ランダム数値の設定は完了です。

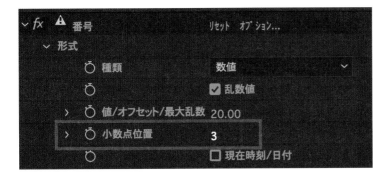

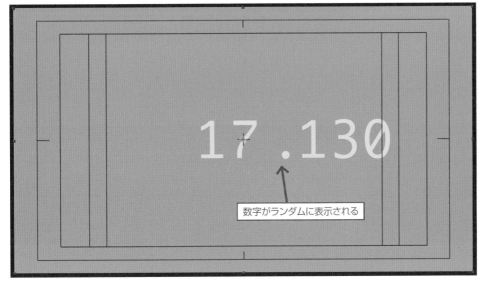

数字がランダムに表示される

STEP
4
開始と停止を
設定する

　ディスプレイ内のインジケーターの動きに応じてランダム表示に開始や終了のタイミングを与える必要のある場合は、「乱数値」プロパティにキーフレームを設定します。

　たとえば最初に停止していて途中からランダム表示させる場合は、まず「乱数値」を「オフ」にして「0 フレーム」でストップウォッチマークをクリックしてキーフレームを設定します。

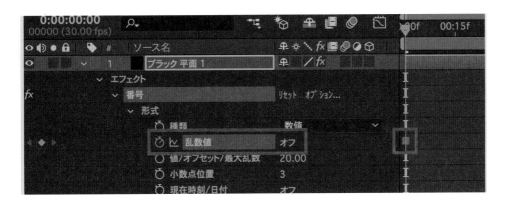

続いてランダム表示を開始するフレームに [時間インジケーター] を移動し、そこで「乱数値」を「オン」にします。これでそのフレームからランダム表示が開始されます。

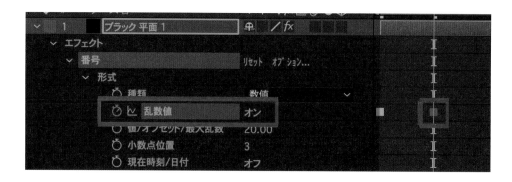

[時間インジケーター]を進めて、ランダム表示をストップさせたいフレームで「乱数値」を「オフ」にすれば、そこでランダム表示は止まります。

ランダム表示の前後の値を「値／オフセット／最大乱数」で指定することもできます。操作は、「乱数値」が「オン」と「オフ」になる 2 つのキーフレームに「値／オフセット／最大乱数」のキーフレームと数値を設定します。たとえば、最初のキーフレームの値が「20」で次のキーフレームの値を「800」にすると、「20」の数値で止まっていたカウンターがランダムな数値を表示しながら上昇し始め、最後は「800」を指して停止します。これでランダムな数字の表示が完成しました。

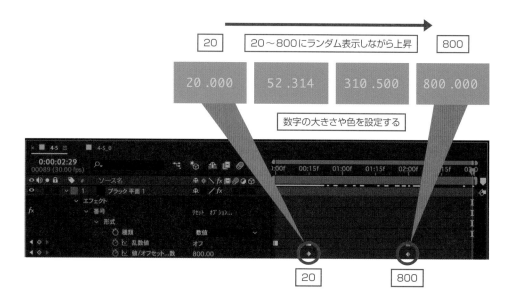

06 踊るように伸び縮みする

文字を踊るように伸び縮みさせてみましょう。この機能はシェイプや
イラスト画像にも有効なので、ここで操作方法を覚えていろいろな
オブジェクトをキャラクターのように動かしてみてください。

4

文 字

STEP 1 テキストから
シェイプを作成する

「4-01 手書き文字のアニメーション風にする」（P.144）と同じ設定のコンポジションと
テキストを使います。同じ操作でテキストレイヤーを作成して文字の設定をしますが、こ
れから行うシェイプの変形では元の形状の線が残ってしまう現象が起きるので、テキストの
「線」は「なし」にしてください。イラスト画像を使う場合はそのような現象は起こりませ
ん。また、文字を伸ばすのでテキストを画面の下に寄せておきます。

入力したテキストからシェイプを作成します。[タイムライン]の「テキストレイヤー」もし
くは「コンポジション」パネルのテキストを右クリックし、メニューの「作成」から「テキスト
からシェイプを作成」を選びます。

テキストのアウトラインパスを持つ新しいシェイプレイヤー「アウトライン」が作成され、「テキストレイヤー」は非表示になります。この「アウトライン」レイヤーの中の「M」の文字を伸び縮みさせます。

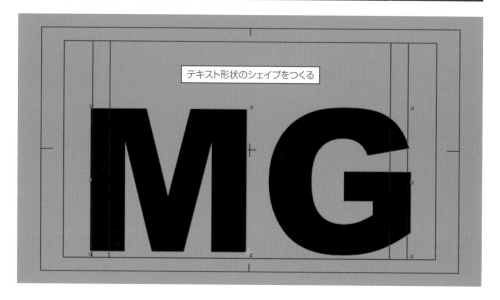

テキスト形状のシェイプをつくる

STEP 2　動きのポイントを指定する

「M」のシェイプを動かすために、動きのポイントとなる場所を指定します。薄いゴムを「M」の字に切り抜いてあると考えてください。そのゴムを伸び縮みさせようとした場合、つまんで伸ばす場所や、机にピン止めして動かない場所を決めます。まずはそういった動きのポイントとなる場所をパペットピンツールで指定します。

動きのポイントを決める

まず「ツールパレット」の中から「パペットピンツール」を選び、次に「M」の動きのポイントとなる場所をクリックして指定していきます。ここでは「M」の下の3箇所と上の2箇所をクリックしました。ここからの操作はクリックしたポイントがわかりやすいように［コンポジション］パネルの「タイトル／アクションセーフ」の表示はオフにします。

パペットピンツールでポイントをクリックしていく

そうすると、黄色いポイントができあがります。これらが「パペットピン」と呼ばれる動きのポイントです。すべてのポイントを指定したらツールを「選択ツール」に戻します。

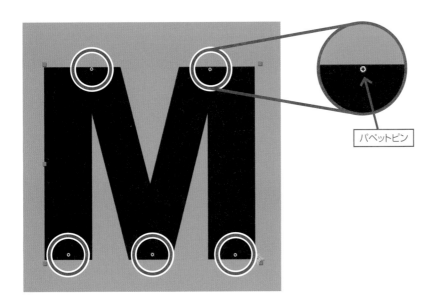

パペットピン

STEP
3
伸び縮み
させる

「アウトラインレイヤー」のプロパティを開くと、「エフェクト／パペット／メッシュ」の中に「変形」プロパティがあります。この中にいま設定したポイント分の「パペットピン」があり、その中の「位置」にすでにキーフレームが設定されています。

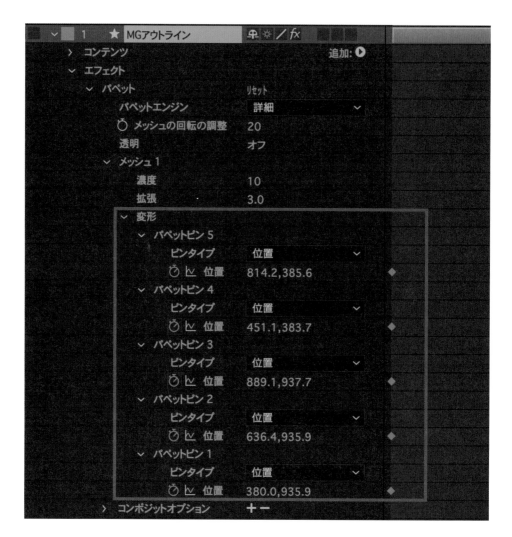

この「位置」プロパティのキーフレームで伸び縮みさせるので、「U」キーを押してキーフレームが設定されたプロパティだけを表示させます。他のプロパティが閉じてレイヤーの表示がすっきりします。

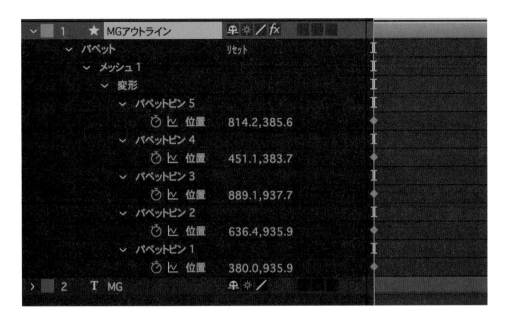

［時間インジケーター］を「15フレーム」まで進めて、「M」を変形させてみましょう。いずれかの「パペットピン」プロパティを選択すると、［コンポジション］パネルに表示されたそのパペットピンが選択状態になります。ここでは「M」の左上部分のパペットピンを選択しました。

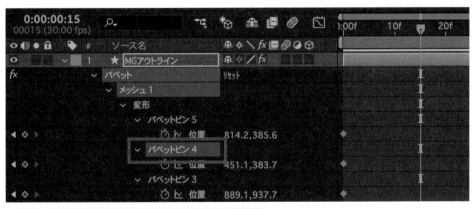

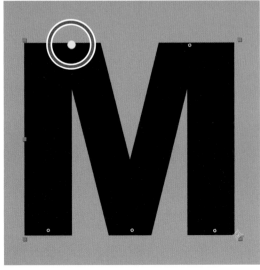

[コンポジション]パネルでパペットピンをドラッグすると、「M」の左上部分がゴムのように伸び縮みします。このとき、他のパペットピン部分は机にピン止めしたように固定されています。

パペットピンをドラッグする

こうしてキーフレームごとに変形させれば、伸び縮みするアニメーションになります。さらに、「キーフレーム補助」の「イージーイーズ」を使って変形の速度を可変させるとよりキャラクターらしい目をひく動きになります。

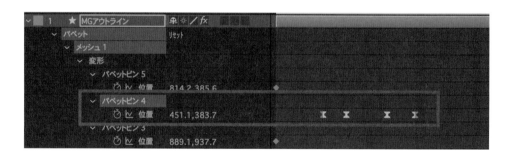

他のパペットピンでも同様の操作ができるので、それぞれの「パペットピン」プロパティのキーフレームを設定して「M」を伸び縮みさせます。この踊るようなアニメーションはイラストで行っても面白いのでぜひ試してください。

5

出現

作品のオープニングなど何もない空間から
タイトルが現れる効果をつくります。

01 広がって現れる長方形

長方形はテキストの囲みによく使われますが、最初に長方形をアニメーションで出現させることで目をひく効果が生まれます。ここではアウトラインの長方形で動きをつくってみましょう。

STEP 1 長方形のシェイプをつくる

　出現の動きだけをつくるので新規コンポジションのデュレーションは「2 秒」にします。また、この章では細い線の動きをつけるので、線が見やすいようにコンポジションの背景は暗いグレーにします。続いて長方形をつくるために「レイヤー」メニューの「新規」から「シェイプレイヤー」を選んで新規シェイプレイヤーをつくります。

　最初に完全に出現した状態の長方形シェイプをつくります。まず「シェイプレイヤー」の「コンテンツ」プロパティの右にある「追加」をクリックしてメニューの「長方形」を選びます。画面中央に長方形のパスだけが生成されます。

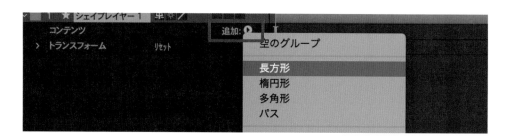

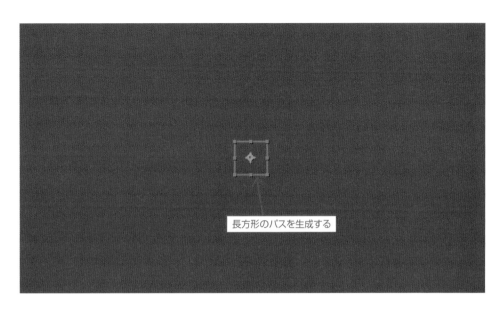

長方形に線を加えるために「追加」のメニューで「線」を選びます。パスに白い線がつくので、まずは線の色と太さをこのままにしておきます。

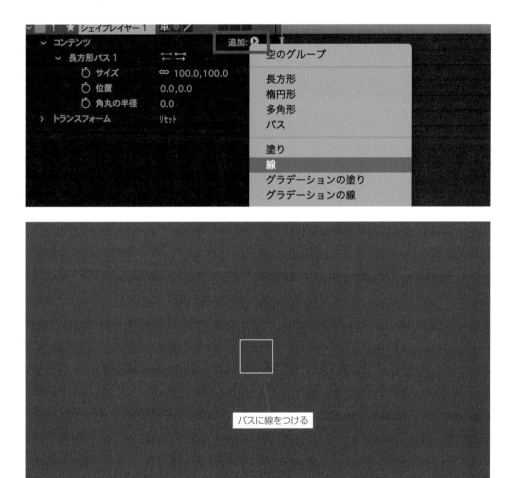

長方形を最終の形状にします。シェイプのサイズ変更は「コンテンツ／長方形パス」の中にある「サイズ」プロパティで行います。現在の形状は正方形なので、長方形にするために「サイズ」の数値の左にあるチェーンマークの「縦横比率の固定」をクリックして外します。続いて数値の上をドラッグするか直接数値を入力してサイズを変更します。ここではサイズ値を「1200、250」にして横長の大きな長方形にしましょう。これが出現後の形状になります。

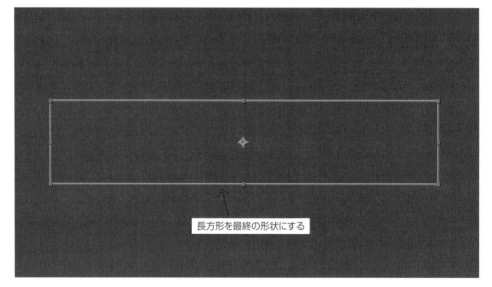

長方形を最終の形状にする

STEP 2 縦横を個別に 変形させる

長方形の出現アニメーションをつくるので、動きの終了で現在の形状になります。そこで、まずアニメーションの終わるフレームに「サイズ」プロパティのキーフレームを設定します。ここでは1秒間の動きにすることにして「1秒」にキーフレームを設定します。

続いて現れる初期状態です。何もない状態から現れるので可能なかぎり小さいほうが望ましく、ここでは「サイズ」プロパティの値が「10,10」の小さな正方形にします。

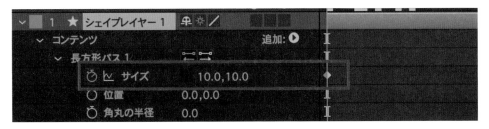

出現時の形状にする

縦横が同時に広がっては面白くないので、まず縦を広げて次に横に広がるようにします。縦と横では移動量が違うので動きに使うフレーム数も変えます。ここでは、縦の動きに10フレーム、横の動きに20フレーム使うことにします。最終の形状はすでにキーフレームを設定してあるので、縦の動きをつくるだけで大丈夫です。［時間インジケーター］を「10フレーム」に移動し、「サイズ」プロパティの値を「10,250」にして縦に伸ばします。これで、この後は最終の形状に向かって横に伸びていきます。

　最後に、長方形が出現する前の空白時間をつけましょう。ここでは「5フレーム」から出現することにして、「シェイプレイヤー」の先頭が「5フレーム」になるように移動します。方法は、レイヤーをドラッグするか、選択した状態で［時間インジケーター］を「5フレーム」に移動し、「[」キーを押します。これで「シェイプレイヤー」が5フレームから始まることになり、その前は何もない状態になります。この空白時間の設定は、この後のすべての出現アニメーションに共通する操作なのでしっかり覚えておいてください。

　これで、まず縦に伸び、続いて横に広がって出現する四角形が完成しました。

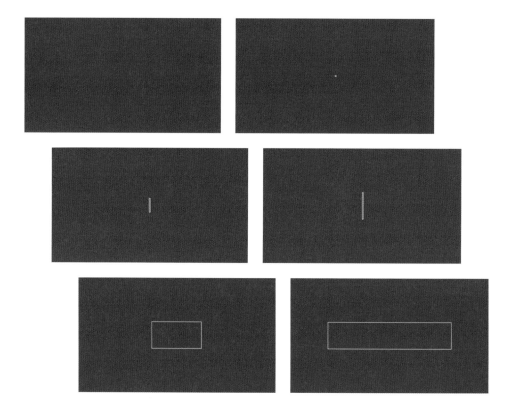

地平線から現れる文字

下から上に移動する文字に目隠しをして地平線から登ってくるような効果をつくります。先の広がって現れる長方形と組み合わせるなどして幅広い表現ができるアニメーションです。

STEP 1 テキストを入力する

新規コンポジションのデュレーションは「2秒」にし、出現する文字をつくるために新規テキストレイヤーをつくります。

文字を入力してスタイルを設定します。ここでの設定は図のようにします。ポイントはゴシック体に長体をかけ、ベースラインシフトでアンカーポイントを文字の中心に移動することです。長体にすることで下からの移動ストロークを少しでも長くできるので、出現の印象が変わってきます。この画面中央の位置が出現の決まり位置になります。

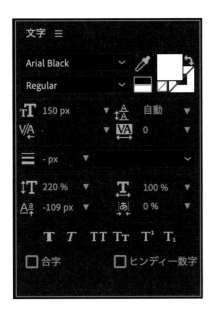

長方形シェイプで
文字を隠す

　地平線から出現するように見せるために目隠しをしますが、まずはその目隠しをシェイプでつくります。「レイヤー」メニューの「新規」から「シェイプレイヤー」を選んで新規シェイプレイヤーをつくります。

　文字を隠す長方形をつくりますが、これはツールで行ったほうがやりやすいので、「ツールパレット」から「長方形ツール」を選んで「塗り」と「線」の設定をします。「塗り」は何色でもかまいません。「線」は長方形の形状の微調整を行う場合を考えて「なし」にしたほうがよいでしょう。

長方形ツールで、文字が隠れるように長方形を描画します。このとき重要なのが文字の下と長方形の下辺が同じになることです。この下辺が地平線になるからです。長方形の位置は「矢印」キーでピクセル移動できるので、文字が完全に隠れるようおおまかに描画した後で位置を微調整してください。

テキストを隠す長方形を描画する

STEP 3　長方形を文字のトラックマットにする

　現在は長方形が文字を隠していますが最終的にはその逆で、長方形が窓になりその中でだけ文字が表示されるようにします。そのためにレイヤーの「トラックマット」を使います。「テキストレイヤー」の「トラックマット」をクリックしてメニューからアルファマットを選びます。これは一つ上のレイヤーの形状をマスクにする機能です。

　AfterEffects2023 から任意のレイヤーをトラックマットにできるようになり、「アルファ」と「ルミナンスキー」マットの切替えと反転はボタンでおこないます。

5

出　現

02

地平線から現れる文字

201

「シェイプレイヤー」が非表示になり、文字が表示されます。これで長方形の中でだけ文字が表示されるようになりました。

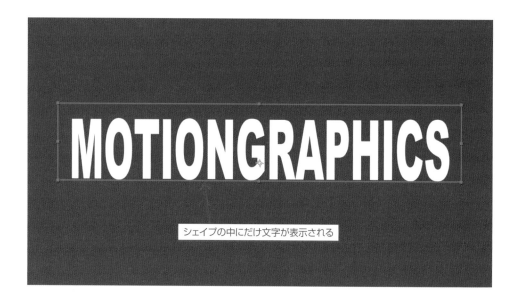

シェイプの中にだけ文字が表示される

STEP 4 文字を
下から上に移動させる

「テキストレイヤー」を選んで「P」キーを押し、「位置」プロパティを開きます。現在の文字の状態が出現後の状態なので、出現の動きの終わりのフレームに「位置」プロパティのキーフレームを設定します。ここでは動きの終わりを「20 フレーム」にします。

　続いて「0 フレーム」に［時間インジケーター］を移動し、「位置」プロパティの右側の「Y位置」の数字の上をドラッグして文字を下に移動します。長方形から外れた部分が透明になるので、完全に消えるまで移動します。

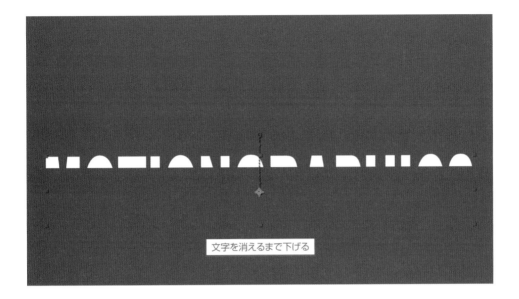

文字を消えるまで下げる

「位置」プロパティの「0フレーム」と「20フレーム」にキーフレームが設定され、文字が下から上に移動するようになります。動き終わりがゆっくり収まるように、「20フレーム」のキーフレームを右クリックしてメニューの「キーフレーム補助」から「イージーイーズイン」を選びます。これで文字がゆっくり停止するようになります。

「位置」キーフレームによる上昇の動きに長方形の「トラックマット」が加わり、文字が地平線から登ってくるようなアニメーションになります。

図解 マスクとマットの基礎知識

モーションの一部分を表示したり、出現させたりするにはマスクやマットを使います。

▶ … マスク

マスクはそのレイヤー自体の表示範囲を調整するのに役立ちます。マスクの特徴は以下のようなものがあります。

◉ 表示範囲を制限する

レイヤーを選択した状態でペンツールやシェイプ作成ツールを使い、表示させたい部分をコントロールできます。

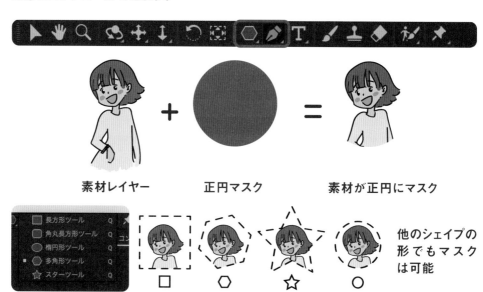

素材レイヤー　　　　正円マスク　　　素材が正円にマスク

他のシェイプの形でもマスクは可能

□　　⬡　　☆　　○

◉ マスクの機能

作成したマスクにはさまざまな設定を追加できます。キーフレームを打てるのでマスクのアニメーションも可能です。

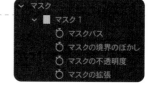

> マスク
> > ■ マスク 1
> > Ö マスクパス
> > Ö マスクの境界のぼかし
> > Ö マスクの不透明度
> > Ö マスクの拡張

マスクの拡張　　　マスクのぼかし　　　マスクパス

▶… トラックマット

文字のモーションを作成するときにトラックマットを使うとテキストアニメーションにバリエーションを与えることが可能です。

● アルファマット（上の形で型抜き）

出現前の建物が見えてしまう

シェイプレイヤーを配置

この領域しか家は表示されない

範囲外なので表示されない

地面より上に移動すると建物が見えるようになる

● ルミナンスキーマット（輝度の情報で型抜き）

文字の白い部分（輝度）を使って背景を合成します。文字に質感（テクスチャ）を追加してクオリティをアップさせることが可能です。

下のレイヤー

＋

上のレイヤー

＝

合成結果

T I P S

トラックマットは上にあるレイヤーを基準にして動作します。トラックマットをオンにすると上のレイヤーは非表示になりますがレイヤーの順序は変えないように気をつけましょう。

上のレイヤーは表示になる

図解 出現タイミングのコツ

モーションが出現するタイミングは非常に重要です。どのようにすると効果的になるでしょうか?

▶… 文字と枠の出現

テキストや枠の出現タイミングを変えることで与える印象が変わります。

◉ 文字と枠の2つの動き

タイミングが同じ（同じタイミングで出現する）

テキストの出現が早い（先にテキストが出現し、後から枠が追いかける）

枠のタイミングが早い（枠の出現の後にテキストが入ってくる）

▶ … タイミングを重ねる

動きのタイミングを合わせる上で重要なのが、速度のタイミングを合わせることです。

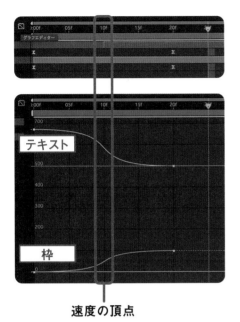

テキスト

枠

速度の頂点

T I P S

動きのタイミングを合わせる前に速度グラフの影響
度も同じにしておきましょう。

▶ … レイヤーをショートカットで動かす

　モーションのタイミングを合わせるためにレイヤーを動かすショートカットを覚えて
おくと非常に便利です。いくつかの方法を紹介します。

◉ 1コマずつ動かす　[option] + [Page up] [Page down]

レイヤーを1コマずつ移動

◉ 現在の時間にイン点を移動　[[ ]

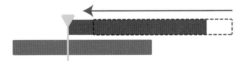

**現在の時間にレイヤーの
イン点を移動**

◉ 現在の時間にアウト点を移動　[ ]]

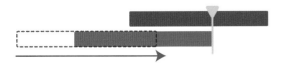

**現在の時間にレイヤーの
アウト点を移動**

207

03 アウトラインを描いて現れる文字

文字の出現で、アウトラインを描くようにして出現させる方法はいくつかありますが、その中で最も簡単な「線」エフェクトを使ったアニメーションをつくってみましょう。

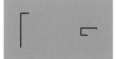   

STEP 1 テキストから マスクを作成する

「2秒」のデュレーションの新規コンポジションをつくります。続いて出現する文字のための新規テキストレイヤーをつくります。

文字を入力してスタイルを設定します。これから行う操作では「塗り」や「線」の設定は無視されてしまうので、フォントと文字サイズだけを設定します。ここではわかりやすいように大きなゴシック体の「M」と「G」の2文字にしました。

テキストを入力する

「テキストレイヤー」を右クリックし、メニューの「作成」から「テキストからマスクを作成」を選びます。

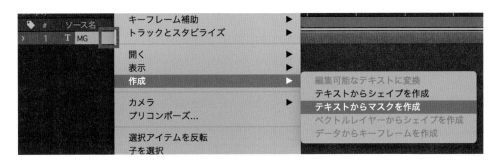

テキストのアウトラインのマスクを持った新規平面「アウトライン」レイヤーが作成され、テキストレイヤーは非表示になります。この「アウトライン」レイヤーでアウトライン出現の動きをつくります。

テキスト形状のマスクをつくる

STEP 2 マスクに沿った線を描画する

「アウトライン」レイヤーを選択した状態で、[エフェクト&プリセット] パネルの「描画」にある「線」をダブルクリックしてエフェクトを適用します。

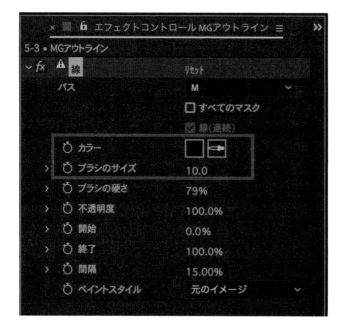

［エフェクトコントロール］パネルの「線」エフェクトのプロパティで線の設定をします。ま
ず「カラー」を「黒」にし、次に「ブラシのサイズ」を「10」にします。そうすると「M」の文
字に黒いアウトラインが現れます。

エフェクトでマスクに線を描画する

「すべてのマスク」にチェックを入れると「G」の文字にもアウトラインが現れます。

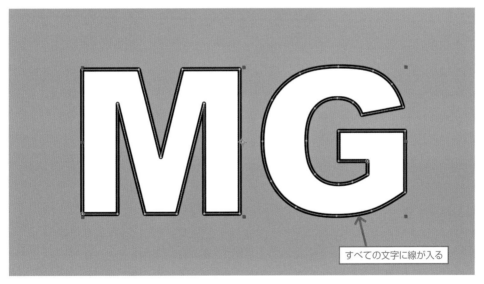

すべての文字に線が入る

　文字のアウトラインだけを出現させたいので、塗りの白色は必要ありません。そこで、「ペイントスタイル」プロパティのメニューから「透明」を選んで塗りを透明にします。これでアニメーションの準備が完了です。

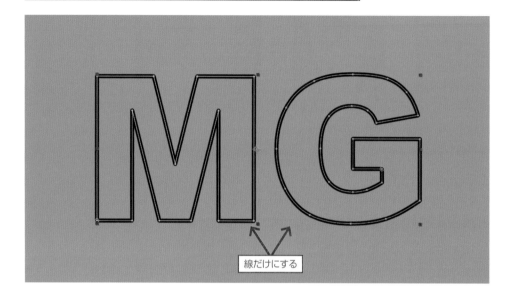

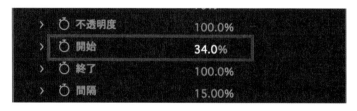

線だけにする

STEP
3
アウトラインを
出現させる

　アウトラインが出現するアニメーションをつくる前に、「線」エフェクトの持つプロパティ
の内容を見てみましょう。まず「開始」プロパティです。初期状態で「0.0」になっている数
字の上をドラッグして数値を上げてみてください。「M」のアウトラインが消えていき、次に
「G」のアウトラインも消えていきます。

　「開始」プロパティの値を元の「0.0」に戻して、今度は「終了」の値を変えてみてくださ
い。そうすると先ほどの「開始」とは逆の順番で「G」のアウトラインから消えていきます。

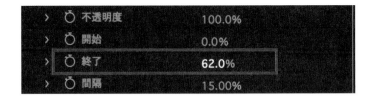

   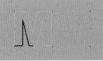

「終了」プロパティの値を元の「100.0」に戻し、「線（連続）」プロパティをクリックしてチェックを外してください。その状態で再度「開始」の値を変えると、「M」と「G」のアウトラインが同時に消えていきます。

 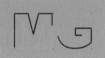 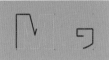 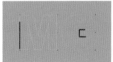

この「開始」「終了」「線（連続）」の3つのプロパティでアウトライン出現アニメーションをつくります。「開始」を使うのと「終了」を使うのとでは描画されていく方向が逆になるのがポイントです。好みに応じてどちらかのプロパティを使います。

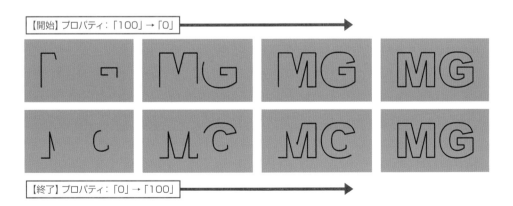

213

　ここでは「開始」プロパティを使ってアウトラインを出現させることにします。また、「線（連続）」をオフにして「M」と「G」を同時に描画します。

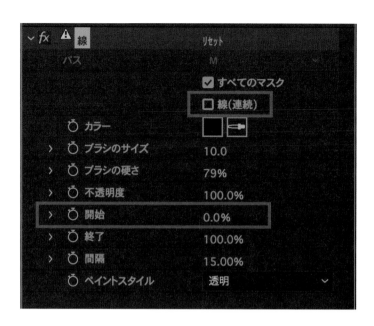

　[タイムライン] の「アウトライン」レイヤーを開き、「エフェクト」の中にある「線」プロパティを出します。現在のアウトラインの状態はすべて出現している状態で、これはアニメーションの終わりにあたります。そこで、[時間インジケーター] をアニメーション終了のフレームに移動して「開始」プロパティにキーフレームを設定します。ここではアニメーション時間を「1 秒 10 フレーム」にしてみましょう。

　続いて [時間インジケーター] を「0 フレーム」に移動し、「開始」プロパティの値を「100」にしてアウトラインが完全に消えた状態のキーフレームを設定します。

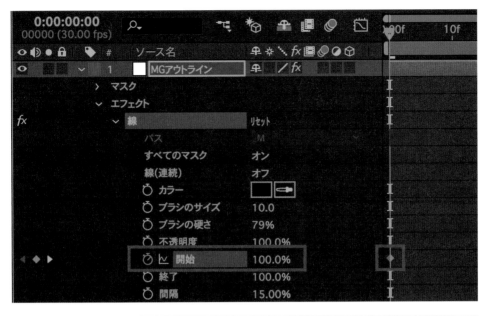

再生すると「M」と「G」のアウトラインが 1 秒 10 フレームで出現します。

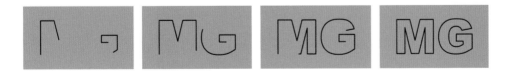

　このままでは動きが面白くないので、ゆっくり現れてゆっくり収まるようにしましょう。「開始」プロパティの 2 つのキーフレームを選択し、右クリックしてメニューの「キーフレーム補助」から「イージーイーズ」を選びます。これで動きは完了です。

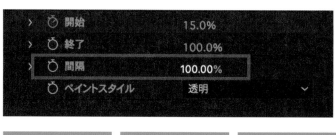

MEMO アウトラインを点線にする

「線」エフェクトの「間隔」プロパティの値を上げると、線が点線になります。この機能を使って点が増えていくように現れるアニメーションをつくることもできます。

> ⏱ 開始	15.0%	
> ⏱ 終了	100.0%	
> ⏱ 間隔	100.00%	
> ⏱ ペイントスタイル	透明	⌄

04 広がって現れる円

広がる円は一見単純な動きですが、目をひくポイントになるのは広がる速度の緩急です。また、広がった後に残るのか消えるのかも他のオブジェクトとの兼ね合いにより変わってきます。

STEP 1 楕円形シェイプをつくる

「2 秒」のデュレーションの新規コンポジションをつくり、円をつくるために「レイヤー」メニューの「新規」から「シェイプレイヤー」を選んで新規シェイプレイヤーをつくります。次に「シェイプレイヤー」の「コンテンツ」プロパティの右にある「追加」をクリックしてメニューの「楕円形」、続けて「線」を選びます。これで画面中央に線のついた円が生成されます。

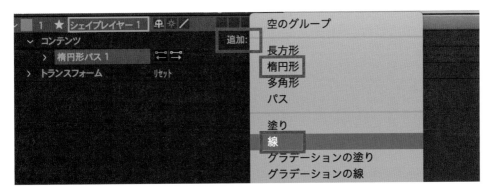

線のついた円を生成する

広がる動きを
つくる

「シェイプレイヤー」のプロパティを開き、「楕円形パス」の「サイズ」にキーフレームを設定して円を広げます。まず出現の「0 フレーム」にキーフレームを設定します。このときの値は初期値の「100,100」のままにしておきます。広がって現れるので最初のサイズはもっと小さくしたほうがよいのでは、と思うかもしれません。しかし、これがすでに広がる速度の緩急になっているのです。パッと現れ、やがて静かに広がりながら消えていく円をつくりたいのですが、この「パッと現れ」の表現は速度の設定を行う必要はありません。いきなりある程度の大きさの円が出現するだけでパッと現れたように見えます。

出現時の状態

続いて広がり終わりのキーフレームです。ここでは「1 秒」で広がり終わることにします。[時間インジケーター] を「1 秒」に移動して「サイズ」プロパティの値を上げます。ここでは「800,800」にしてみましょう。

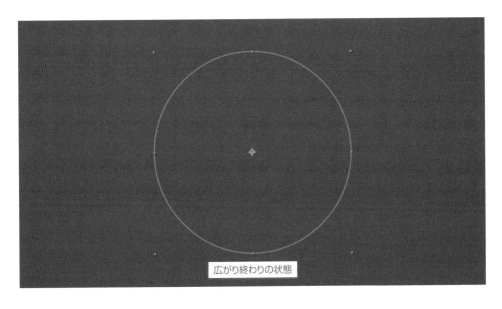

広がり終わりの状態

　再生すると円が等速で広がり、1 秒で停止します。最終的にはこの停止のタイミングで円を完全に消します。広がる動きはこれで完了です。

M E M O レイヤーの「スケール」とパスの「サイズ」プロパティの違い

円の大きさは「シェイプレイヤー」の「トランスフォーム」にある「スケール」プロパティでも変えられますが、このプロパティはレイヤー全体を拡大/縮小するので、円の大きさに応じて線の太さが変わります。円の大きさにかかわらず常に同じ太さの線にしたい場合は、パスの「サイズ」プロパティで大きさを変えます。

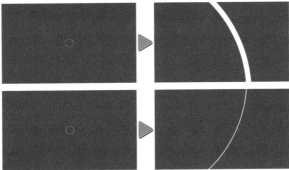

広がりながら
消えるようにする

　広がる速度の緩急をつける前に、広がりながら消えていく設定をします。広がる速度と消えていく時間の兼ね合いは見え方に大きく影響します。ゆっくり広がる円がパッと消えたのでは不自然です。広がる速度に応じて消える時間も変える必要があります。

　ここでは「1秒」で広がる動きに対して、半分の「15フレーム」で消えていくようにします。「線」のプロパティを開き、「不透明度」の「15フレーム」と「1秒」にキーフレームを設定して「1秒」の「不透明度」を「0」にします。

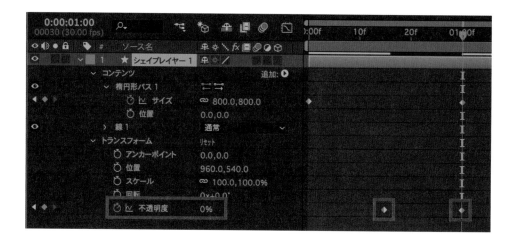

　再生すると、広がりながら消えていくスムーズなアニメーションになっています。最後はこの動きに速度の変化を加えます。

広がる速度を
変化させる

　先に説明したように、最初のパッと現れる見栄えはすでにできているので、ゆっくり広がる設定だけを行います。まずは最後のキーフレームを右クリックし、メニューの「キーフレーム補助」から「イージーイーズイン」を選びます。これで最大に広がる手前の速度が落ち、ゆっくり広がるようになります。

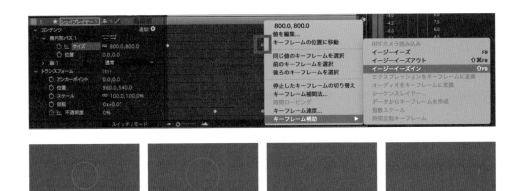

ところが再生してみると、パッと現れる感じもゆっくり広がる感じもあまりインパクトがありません。それはなぜでしょう？　原因を調べるために「シェイプレイヤー」の「楕円形パス／サイズ」プロパティを選択した状態で「グラフエディター」をクリックして表示を「グラフエディター」に切り替えます。

最初に、グラフエディター下部にある「グラフの種類とオプションを選択」のメニューで「値グラフを編集」を選び、グラフを「値グラフ」にしてください。

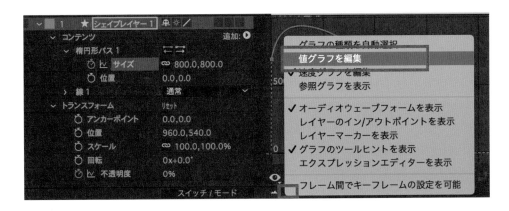

　グラフを見ると、サイズが最大になる寸前はなだらかな曲線になっていて、広がり終わりがゆっくりになっていることがわかります。これは想定通りの設定になっているということです。

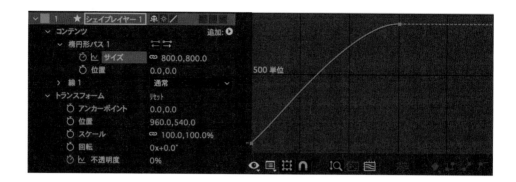

　次に、「グラフの種類とオプションを選択」のメニューで「速度グラフを編集」を選び、グラフを「速度グラフ」にしてください。

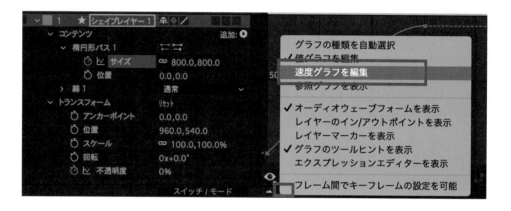

　速度はスタート直後に速度が上がり、広がり終わりに向かって山なりに速度が落ちています。これは想定と違う状態です。なので、このグラフを想定通りの曲線にすればインパクトのある動きになるはずです。

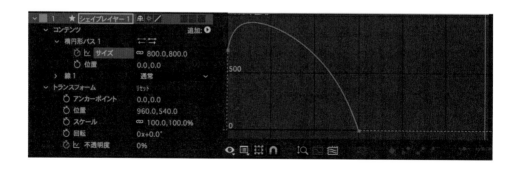

　まず広がり終わりの速度曲線を調整しましょう。最後のキーフレームを選択してハンドルを出し、左にドラッグしてハンドルを伸ばします。そうするとキーフレームに向かう曲線もなだらかになります。これで広がり終わりの速度がゆっくりになります。

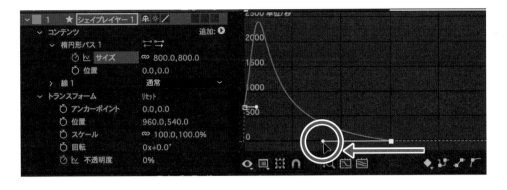

続いて出現の速度です。出現した後は速度を上げたくないので、ハンドルを左にドラッグして縮めます。そうすると出現から速度が落ち始める設定になります。これで速度の設定は完了です。

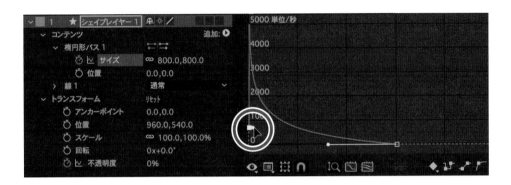

再生すると、パッと現れて広がりながらスムーズに消えていく想定通りの動きになっています。

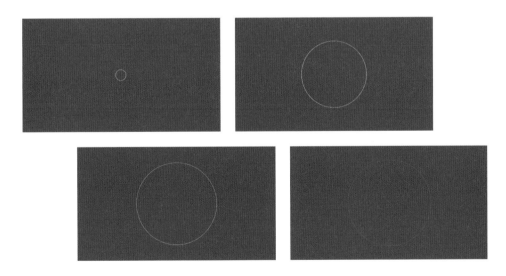

図解 図形を拡大するときの注意点

モーションでは拡大／縮小をよく使います。その際に気をつけなければいけないのが拡大時の画質です。

▶… 素材のファイル形式の違いに注意

After Effectsはさまざまなファイル形式の素材を読み込めますが、ファイル形式によって拡大／縮小の品質に違いがあるので、モーションに組み込むときは注意が必要です。

◉ JPEG・PNG

JPEGなどの画像は拡大すると画質が荒れてしまいます。事前に大きめの画像を用意しましょう。

原寸100%

拡大500%

拡大しすぎると縁のぎざぎざが目立つ

◉ シェイプレイヤー

シェイプレイヤーは拡大／縮小しても画質が汚くなることはありません。

原寸100%

拡大500%

拡大してもきれい

● AIファイル

Illustratorのファイルは読み込んでそのまま扱うと、JPEGなどと同じように原寸以上に拡大すると画像が汚くなります。しかし、レイヤースイッチの「連続ラスタライズ」にチェックを入れると、シェイプレイヤーのように拡大してもきれいな状態を保つことが可能です。

原寸100%

そのまま
拡大すると汚い

拡大300%

きれい

✳ 連続ラスタライズ

連続ラスタライズ

T I P S 親子関係を使って他のレイヤーと紐付ける

同じスケールのアニメーションを他のレイヤーにも適用したい場合は、それぞれにキーフレームを打つのではなく、スケールしているレイヤーを親にして親子関係を結ぶと便利です。その際、必ず親子関係を紐付けたい時間まで進めてリンクすることに注意してください。

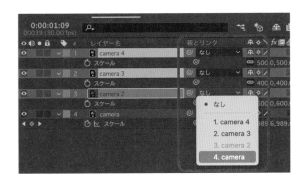

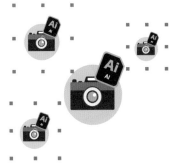

親子関係を使ってグループにする

225

05 一筆書きで現れるカリグラフィ

最後は少し難易度の高いアニメーションです。太さの変化するカリ
グラフィの模様が一筆書きのように現れます。このモーションにはき
れいなパスを描くことも重要です。

出現

STEP 1 ペンツールで パスをつくる

「3秒」のデュレーションの新規コンポジションをつくります。次に、一筆書きのストロークの元になる下絵を読み込みます。ダウンロード素材の「フッテージ」フォルダにある「下絵.png」を読み込んで［タイムライン］に配置します。

下絵を読み込む

描画する線のパスを描くために「レイヤー」メニューの「新規」から「シェイプレイヤー」を選んで新規シェイプレイヤーをつくります。

「ツールパレット」の「ペンツール」を選択し、「塗り」と「線」の設定をします。ここでは線だけを使うので、「塗り」が「なし」、「線」が「黄色」で「10 px」の設定にしました。

ペンツールで「下絵」に沿った線を作成します。ポイントのハンドルをうまく操作して可能なかぎりきれいな曲線を描いてください。このとき、パスが見やすいように「シェイプレイヤー」の「ラベル」の色を「レッド」にしておきましょう。

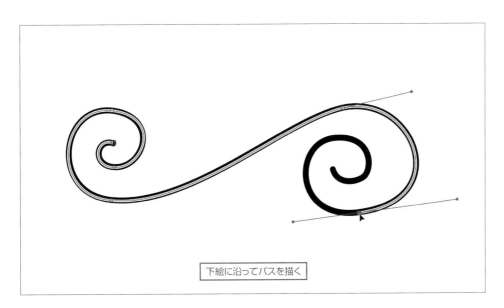

下絵に沿ってパスを描く

ハンドルでパスの曲線を調整してカリグラフィの中心線を完成させます。曲線が完成したら「下絵」レイヤーは必要ないので表示を「オフ」にします。

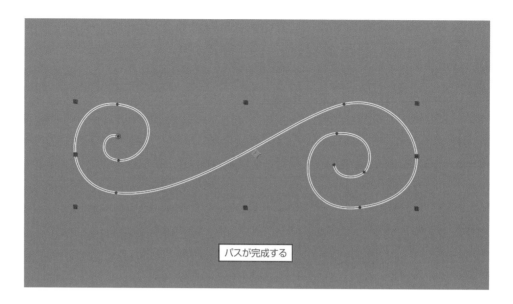

STEP 2　エフェクトを
適用する

カリグラフィの線はエフェクトを使って描画します。そのために、「レイヤー」メニューの「新規」から「平面」を選んで新規平面をつくります。平面の色は何色でもかまいません。ここでは線が見やすいように「暗いグレー」の平面にしておきましょう。

「平面」レイヤーを選択した状態で［エフェクト&プリセット］パネルの「描画」にある「ブラシアニメーション」をダブルクリックしてエフェクトを適用します。

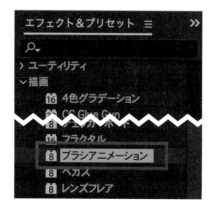

　画面には何の変化もありませんが、[エフェクトコントロール] パネルを見ると「ブラシアニメーション」エフェクトのプロパティがあります。これでカリグラフィの線の準備は完了です。

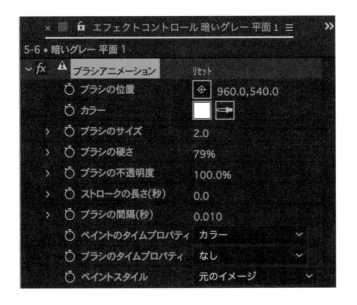

STEP 3 　シェイプパスを　ブラシの軌跡にする

　次にシェイプパスの操作を行いますが、今つくった平面が表示されているので、「平面」レイヤーの表示をオフにして、下のシェイプパスを表示します。

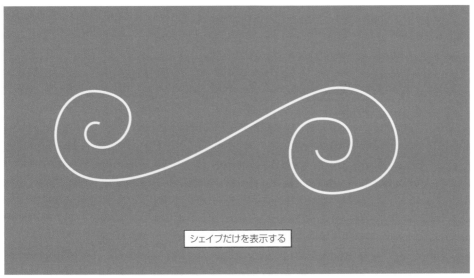

シェイプだけを表示する

「シェイプレイヤー」のプロパティを開いて、「パス」プロパティの中の「パス」を選択します。

[コンポジション] パネルを見ると、パスのすべてのポイントが選択されています。この状態で「コピー」を実行します。これで選択したすべてのポイントの情報がコピーされました。

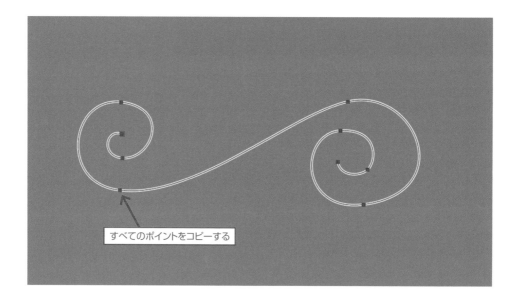

すべてのポイントをコピーする

「平面」レイヤーを表示し、プロパティを開いて「エフェクト／ブラシアニメーション」の中にある「ブラシの位置」プロパティを選択します。

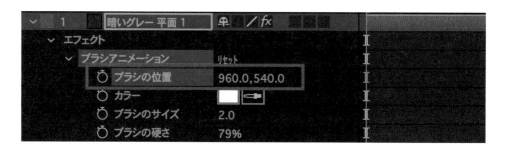

［時間インジケーター］を「0フレーム」に移動して「ペースト」を実行します。そうすると、「ブラシの位置」プロパティにコピーしたパスのポイントの情報がペーストされ、キーフレームが設定されます。キーフレームは自動的にポイント間の速度が一定になるような配置になっています。この機能と調整方法は「2-05 シェイプツールで軌跡をつくる」の「STEP 3 動きの速度を調整する」（P.61）を参照してください。

「ブラシのサイズ」プロパティを「10」に上げて点を大きくします。

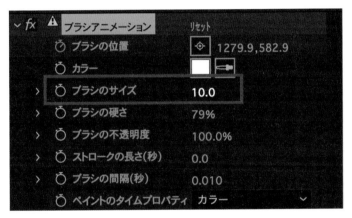

パスが点で描画される

点を線にしたいので、「ブラシの間隔 (秒)」プロパティの値を極端に短くして「0.001」にします。すると点同士の間隔が狭くなるので、線で描画するようになります。

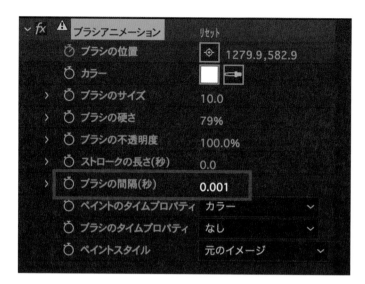

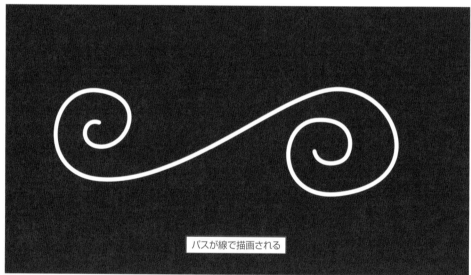

パスが線で描画される

再生すると、パスに沿って一筆書きのように線が描画されてます。

STEP 4 線の太さを変化させる

線の幅を変化させてカリグラフィーのようにしましょう。まず「ブラシのタイムプロパティ」を「サイズ」にします。これでキーフレームで設定した「ブラシのサイズ」値から次のキーフレームで設定した「ブラシのサイズ」値までサイズが変化するようになります。

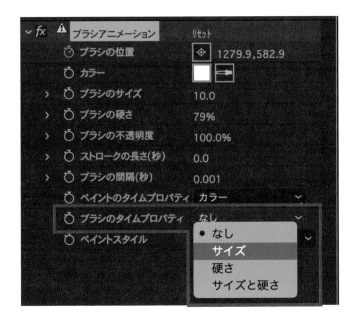

続いて、「ブラシのサイズ」プロパティのキーフレームを設定してサイズを変化させます。最初と最後は線幅を小さくして、途中の横に動く間を太らせます。ここでは「ブラシのサイズ」の値を「1」と「20」で設定してみてください。これで、パスに沿った線の太さが変化するカリグラフィーのようになり、その線が一筆書きのように描画されます。

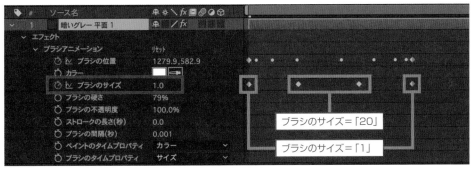

＊0と2秒が「1」、その間が「20」

線の色を変える場合は「カラー」プロパティで線の色を指定します。

カリグラフィーのような線にする

　カリグラフィーを他のレイヤーに合成する場合は「ペイントスタイル」プロパティを「透明」にします。これで完成です。

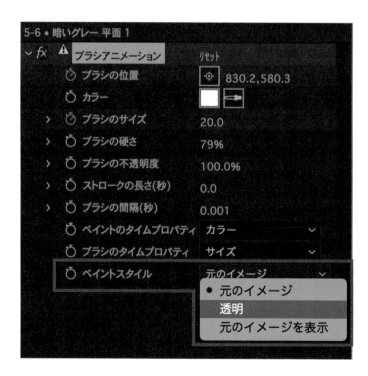

6

立体

3D空間の概念を学びながら
立体的なモーショングラフィックスをつくりましょう。

6

図解 After Effectsの持つ3D機能

3D機能を使うことで被写界深度やレイヤーの立体化、影をつけるなど表現の幅が広がります。

▶…3Dにすると何ができるのか？

実際に3Dにするとどんなメリットがあるのかを理解すると、自分が表現したいモーションに活かすことができます。いくつかの特徴を紹介します。

◉ 3Dレイヤー

レイヤーの「3D」をオンにすると奥行き・横・縦回転などのプロパティが追加されます。

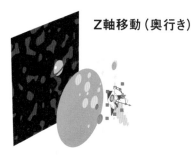

Z軸移動（奥行き）

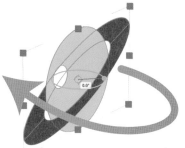

Y回転（横回転）

◉ 3Dビュー

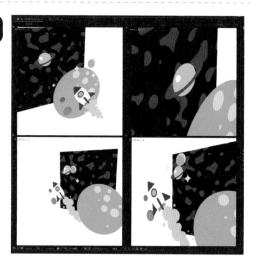

3D環境にすると、見える視点を変えてチェックできます。また、複数のビューを同時に表示して位置関係を確認することが可能です。

◉ 周回、パン、ドリー

最終的に見えている視点や
作業中の視点を変更できます。

元の視点	周回	パン	ドリー
	視点を回転する	視点を動かす	視点を近づける／遠ざける

◉ レンダラー

クラシック3D

被写界深度
被写体の一部分（図では手前のロケット）に焦点をあわせる

CINEMA 4D

3D押し出し
立体感を出す

◉ カメラ

3Dレイヤーに対して回り
込んだり、近づいたりする
アニメーションが可能にな
ります。

◉ ライト

3Dレイヤーに光を当て
て影をつけることが可能で
す。

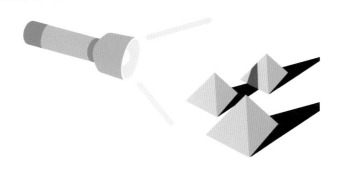

01 物体を3D移動させる

3Dの設定と3Dレイヤーの取り扱い方法の基本を学びます。3D移動や回転など個々の基本を覚えるための素材を用意してあるので、それを使って実際に3Dを操作してみましょう。

STEP 1 3Dレイヤーにする

最初は3D移動の操作をやってみましょう。ダウンロード素材の「フッテージ」フォルダにある「3D_移動.psd」を読み込んでください。これは図のような2つのレイヤーを持ったPhotoshopファイルです。

2つのレイヤーを持つPhotoshopファイル

読み込みダイアログボックスが開くので、Photoshopのレイヤーをそのまま After Effectsのレイヤーとして読み込みましょう。そのために、「読み込みの種類」を「コンポジション」にして「レイヤースタイルをフッテージに統合」にチェックを入れ、「OK」をクリックします。

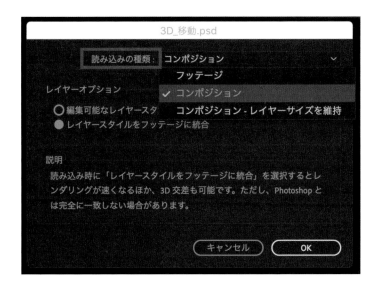

　読み込まれると、素材名のついたコンポジションとレイヤー素材の入ったフォルダーが
生成されます。

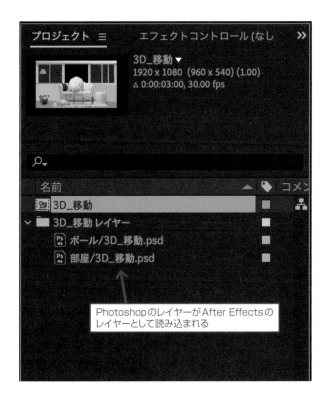

PhotoshopのレイヤーがAfter Effectsの
レイヤーとして読み込まれる

　「3D_ 移動」コンポジションをダブルクリックして [タイムライン] を開きます。
Photoshop のレイヤー構造がそのまま After Effects のレイヤーになっています。こ
こからはレイヤー構造がわかりやすいように [コンポジション] パネルの「透明グリッド」を
クリックして背景を非表示にします。

2つのレイヤーの「3Dレイヤー」をクリックして3Dレイヤーにします。

3Dを表示するための「レンダラー」は、基本機能のみでPC負荷の軽い「クラシック3D」にします。レンダラーが「CINEMA 4D」になっているときはレンダラー名称部分をクリックして「コンポジション設定」を開き、「レンダラー」を「クラシック3D」にしてください。これで移動の準備は完了です。

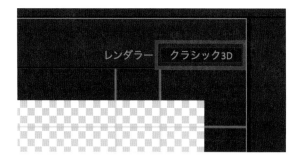

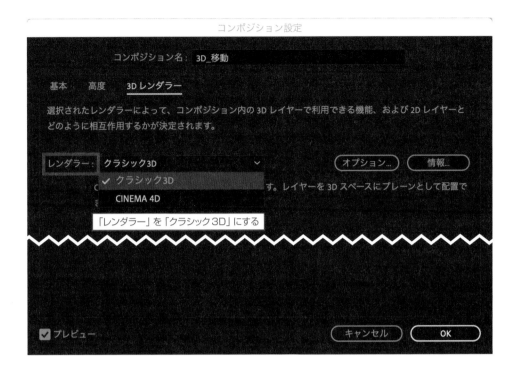

STEP 2 奥行きに移動する

レイヤーを奥行き方向に移動してみましょう。「ボール」レイヤーを選択して「P」キーを押し、「位置」プロパティを開きます。3Dレイヤーなので「位置」プロパティは「X位置」「Y位置」「Z位置」の3つです。この中の「Z位置」の数値を変えるとレイヤーが奥行き方向に移動します。

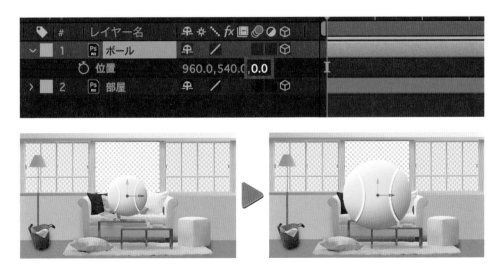

「Z位置」プロパティの数字の上をドラッグし、数値を少し上げただけでボールは下の「部屋」レイヤーの向こう側に隠れます。このように3Dレイヤー同士では[タイムライン]のレイヤーの順番は無視されます。

レイヤー階層に関係なく奥行きの位置で重なり方が変わる

「Z 位置」プロパティの数値を元の「0」戻し、[コンポジション] パネルのボールを見てください。中心に緑と赤の矢印の「3D 軸」が表示されています。この状態では見えませんが、この軸には奥行き方向の青色の矢印も存在しています。

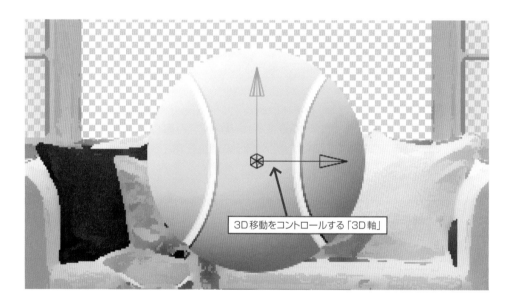

3D 移動をコントロールする「3D 軸」

「3D 軸」の中心にポインタを持っていくと、ポインタに「Z」の文字が現れます。これが「3D 軸」の「Z 位置」を操作できる状態です。その状態でドラッグするとボールが奥行き方向にのみ移動します。

ポインタに「Z」が表示され
るとZ軸をドラッグできる

「X位置」「Y位置」に関してもポインタに「X」「Y」が表示されるので、その状態でドラッグして水平／垂直のみの移動を行います。2Dのようにボールをドラッグして自由に移動することもできますが、3Dの場合は奥行きを含む複雑な位置になるので、思った通りの場所に移動させるには、自由にドラッグするより、水平、垂直、奥行きのみの動きを組み合わせて確実な移動を行うことをお薦めします。

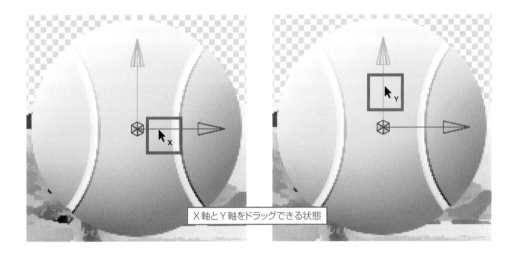

X軸とY軸をドラッグできる状態

STEP 3 動きのアニメーションをつくる

移動操作の最後は3D移動のアニメーションをつくってみましょう。まず「3D_移動」コンポジションのデュレーションを「5秒1フレーム」にして、2つのレイヤーをデュレーションいっぱいまで伸ばします。

「ボール」レイヤー「位置」プロパティの「Z 位置」の数値は初期状態の「0」に戻しておいてください。[時間インジケーター] を「0 フレーム」に移動し、「位置」プロパティのストップウォッチマークをクリックしてキーフレームを設定します。

続いて「Z 位置」の数字の上をドラッグして数値を下げ、ボールを手前に移動します。ここでは数値を「-1000」にしてみましょう。[コンポジション] パネルは正面から見ている状態が表示されているので、単にボールが拡大しているように見えます。

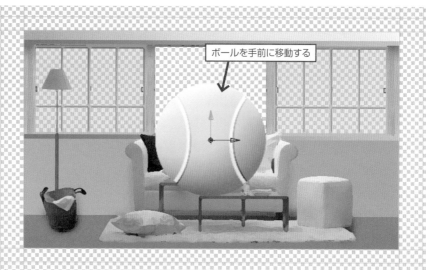

ボールを手前に移動する

［コンポジション］パネル下部にある「3Dビュー」をクリックしてメニューの「カスタムビュー1」を選び、斜め上から見た視点に切り替えます。そうすると、ボールが「部屋」レイヤーより手前に移動していることがわかります。このビューのまま操作を続けましょう。

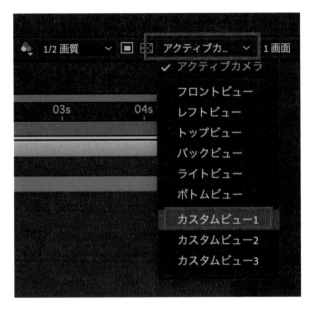

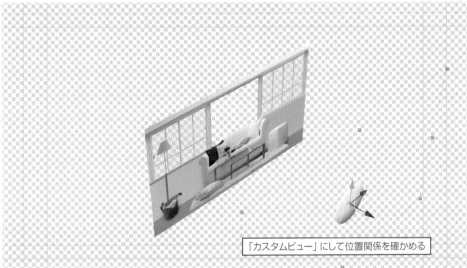

「カスタムビュー」にして位置関係を確かめる

［時間インジケーター］を「1秒」に移動し、「Z位置」の数値を「0」にすると、「ボール」レイヤーと「部屋」レイヤーの奥行きが同じになります。

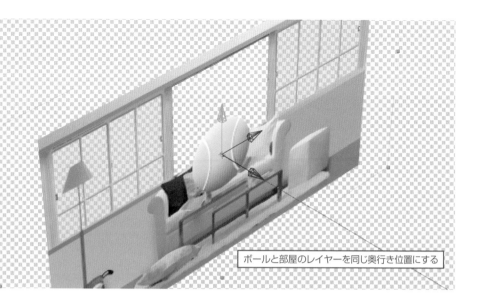

ボールと部屋のレイヤーを同じ奥行き位置にする

このままさらに奥に進めると、ボールが部屋の壁を突き抜けてしまうので、「位置」プロパティの中央にある「Y位置」の数値を下げて、ボールを窓の場所まで上げます。数値では「335」がちょうど窓の位置になります。

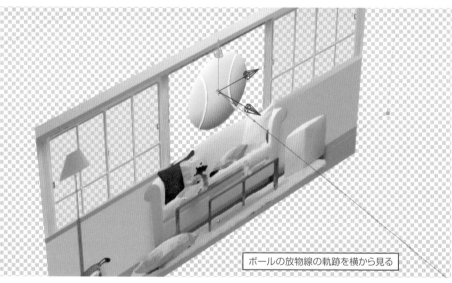

ボールの放物線の軌跡を横から見る

[時間インジケーター]を「2秒」に移動し、ボールをさらに奥に移動させます。ここでは「Z位置」の数値を「1000」にしてみましょう。高さの「Y位置」の数値も初期の「540」にします。これでボールが放物線を描いて窓から外に出るようになります。

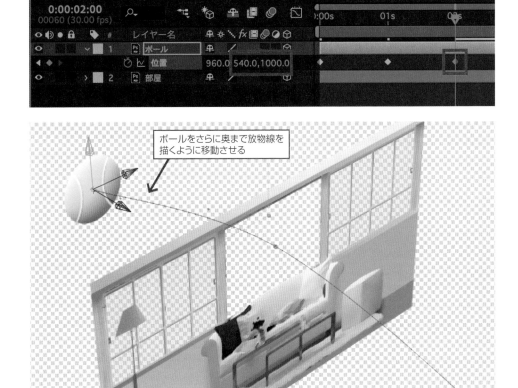

ボールをさらに奥まで放物線を
描くように移動させる

「3Dビュー」を右から見た「レフトビュー」に切り替えてみてください。ボールの軌跡が放物線状になっていることがわかります。

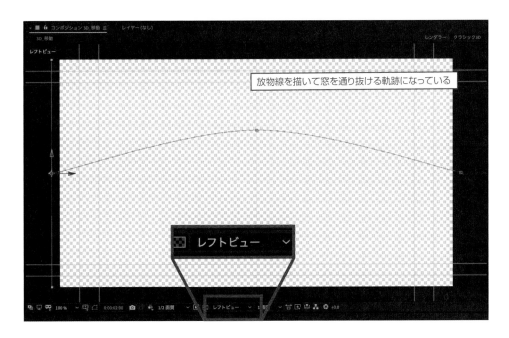

放物線を描いて窓を通り抜ける軌跡になっている

レフトビュー

「3Dビュー」を正面から見た「フロントビュー」に切り替えて再生してみてください。ボールが窓から外に出て行きます。それを確認したら再び「3Dビュー」を「カスタムビュー1」に切り替えてください。

STEP 4 立体のモーションパスを調整する

　最後はボールを部屋の横を回って元の位置に戻しましょう。その場合、どのようなキーフレーム設定をすればきれいな動きになるでしょうか？ 「第2章 移動」の「図解：きれいなカーブを描くコツ」（P.38）を思い出してください。可能なかぎり少ないキーフレームでモーションパスの曲線を描くのがコツです。

　そこで、[時間インジケーター] を「5秒」に移動し、「0フレーム」の「位置」プロパティのキーフレームマークを選択してコピー＆ペーストします。

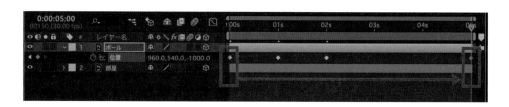

　そうすると、部屋の向こう側に行ったボールがまっすぐ壁を突き破って元の位置に戻ってきます。この軌跡の曲線を操作して部屋の横を通るようにします。

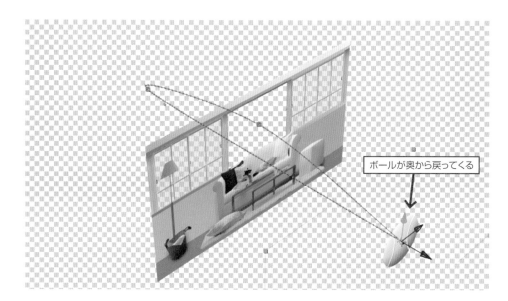

ボールが奥から戻ってくる

　部屋の外に出たボールはまっすぐ元の位置に戻ってくる状態です。これを、部屋の横を通るようにするには、水平方向の移動カーブを操作すればよいわけです。そのために、「3D ビュー」を真上から見た「トップビュー」に切り替え、表示の倍率を下げて軌跡の全体を表示します。ボールは水平方向には動いていないので、上から見た移動の軌跡は直線です。

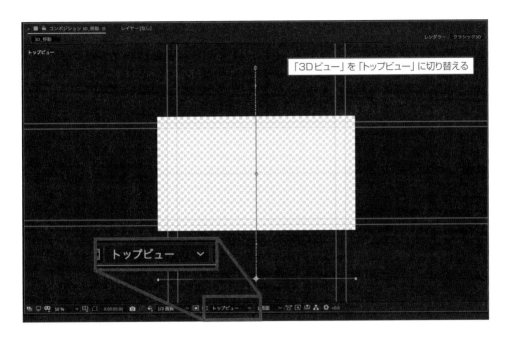

　「2 秒」と「5 秒」の「位置」キーフレームのハンドルをドラッグしてカーブを操作します。ハンドルは軌跡の直線に重なってわかりづらいので気をつけてください。

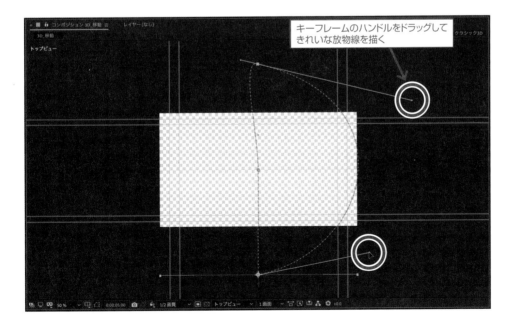

　水平方向のモーションカーブを「D」の文字のようなカーブにして、一番膨らんだときに壁の外を通るようにします。「3D ビュー」を「アクティブカメラ」に切り替えながらカーブを調整していきます。

「3Dビュー」を「アクティブカメラ」に切り替えて再生してみてください。ボールが窓から外に出て、部屋の右側を通って戻ってきます。これで完成です。

02 立体的に回転させる

3Dレイヤーを立体的に回転させてみましょう。操作は簡単ですが、ここでは3Dレイヤーの「回転」プロパティに関する知識も併せて覚えてください。

 STEP 1 回転用の3Dレイヤーを
用意する

ダウンロード素材の「フッテージ」フォルダにある「3D_回転.psd」を読み込んでください。これは図のような3つのレイヤーを持ったPhotoshopファイルです。

3つのレイヤーを持ったPhotoshopファイル

読み込みダイアログボックスで「読み込みの種類」を「コンポジション」にして「レイヤースタイルをフッテージに統合」にチェックを入れ、「OK」をクリックします。

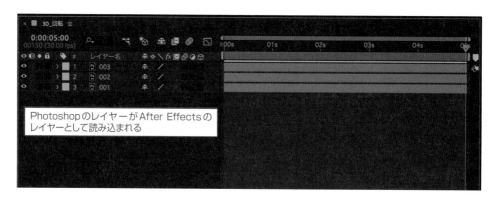

読み込まれたら、素材名のコンポジションをダブルクリックして [タイムライン] を開きます。Photoshop のレイヤー構造がそのまま After Effects のレイヤーになっていることがわかります。「6-01 物体を 3D 移動させる」(P.238) と同じくコンポジションのデュレーションを「5 秒 1 フレーム」、背景を透明にしてください。

Photoshopのレイヤーが After Effectsの
レイヤーとして読み込まれる

3つのレイヤーを3Dレイヤーにします。「レンダラー」は「6-01 物体を3D移動させる」(P.238)と同じで「クラシック3D」にします。これから3つのレイヤーを立体的に回転させますが、その前に3Dレイヤーでの「回転」プロパティに関して説明します。

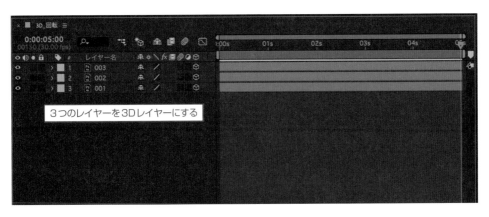

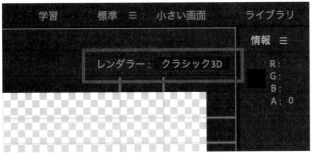

STEP 2 3Dでの 回転プロパティ

「回転」プロパティの説明を「003」レイヤーだけを使って説明するので、他のレイヤーの表示を「オフ」にします。また、「透明グリッド」をクリックして背景の黒色を表示します。

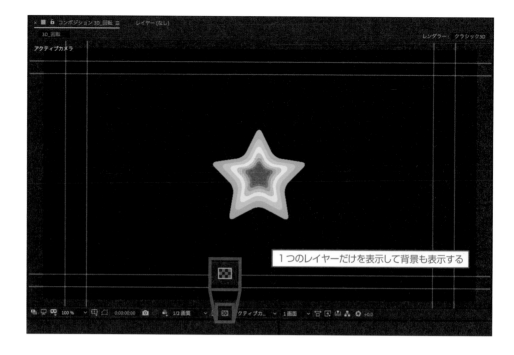

1つのレイヤーだけを表示して背景も表示する

「003」レイヤーを選択し、「R」キーを押して「回転」プロパティを開いてください。2D
では1つだけだったプロパティが3Dでは4つになります。これら4つは大きく分けると、
「X」「Y」「Z」を軸とした個別の回転と、3軸を同時に操作する「方向」の2種になります。

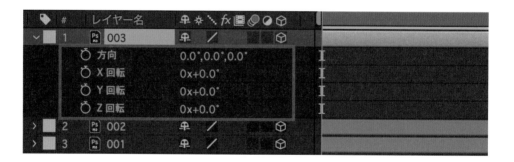

個別の回転は名称通りです。たとえば「X回転」プロパティの値を変えると、図形は横方
向のX軸を使って鉄棒を回るように回転します。

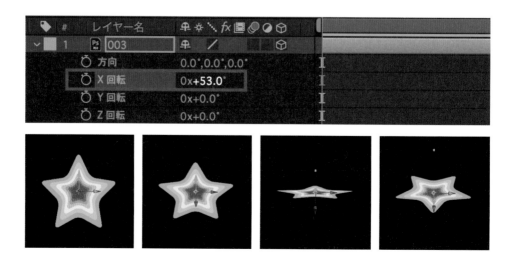

「Y 回転」プロパティの値を変えると、図形は縦方向の Y 軸を使って回転ドアのように回転します。

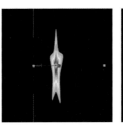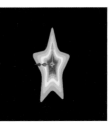

「X 回転」と「Y 回転」の両方にキーフレームを設定してそれぞれ 180 度回転させると、X と Y 軸の 180 度回転が組み合わされ、図のようにひねりながら回転します。

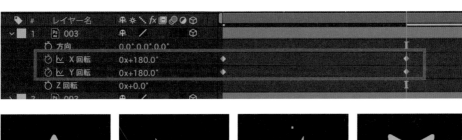

　X と Y の回転キーフレームをすべて削除し、次に「方向」プロパティでの回転を見てみましょう。キーフレームを 2 箇所設定し、最後のキーフレームで「方向」の値を「180,180,0」にします。これは先ほどの「X 回転」と「Y 回転」を組み合わせた最後のキーフレームでの状態と同じです。

再生すると、図形は奥行き方向の Z 軸を使った横回転を行って最終の状態になります。これはキーフレーム間を最短の移動量で移動する動きです。このように、キーフレームでの状態は同じでも、その間の補間方法がプロパティにより異なります。

先ほどの「X 回転」と「Y 回転」の組み合わせ回転と見比べてみましょう。最後の状態は同じですが回転の仕方が異なるのがわかります。3D での「回転」プロパティを理解したら、「方向」のキーフレームを削除して元の状態に戻してください。

STEP 3 立体的に回転させる

3D レイヤーの回転は、先に実践した「プロパティ」による回転の違いさえ理解していれば操作は簡単です。なので、ここでは 3D 回転の面白さを実感してもらうことにします。まず、3 つのレイヤーを表示して、「回転」プロパティを開いてください。

レイヤーは星型を切り抜いた図形で、「001」から次第に内側の星型になります。まずは一番外側の「001」レイヤーを回転させましょう。ここでは縦方向の Y 軸を使った回転にしたいので、「Y 回転」プロパティを使います。初期値の「0×＋0.0」で「0 フレーム」にキーフレームを設定し、「5 秒」で値を「2×＋0.0」にします。

再生すると、星型の一番外側の星型が 2 回転します。

次に「002」の「Y回転」プロパティで、「0フレーム」で「0×+0.0」、「5秒」で「-1×+0.0」のキーフレームを設定します。

再生すると、中心からひとつ外側の星型が、「001」とは逆方向にゆっくり回転します。

最後に「003」の「Y回転」プロパティで、「0フレーム」で「0×+0.0」、「5秒」で「0×+180」のキーフレームを設定します。

再生すると、中心の星型が一番外側の星型と同じ方向にゆっくり回転します。このように、3D回転では複数の物体を組み合わせることで面白い効果を生み出すことができます。

図解 ライトと影の基本

3Dレイヤーにライトを使えば影を
発生させることが可能です。

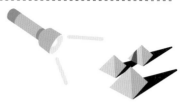

▶… ライトの種類

ライトは4種類あります。それぞれ特徴が違うので使い分けましょう。

平行

はるか彼方から地球を照らす太陽の
ように光が平行に当たる

スポット

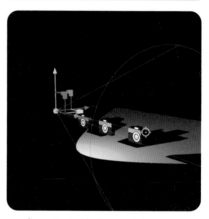

スポットライトを当てたように光が当
たる範囲内を制限する

ポイント

光源を中心に全方向に光が照らさ
れる

アンビエント

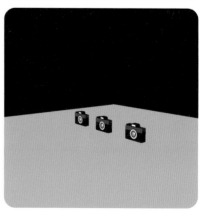

一部ではなく全体の明るさを調整で
きる

▶…影

ライトに当たったレイヤーに影をつけるかどうかはライトとレイヤーそれぞれの設定が必要です。

● ライトの設定

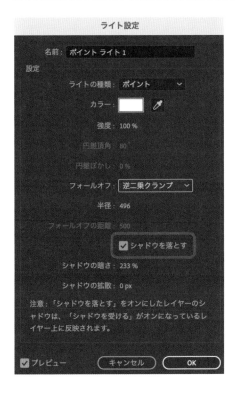

「シャドウを落とす」にチェックを入れると、ライトから影を落とす準備完了です。影の強さなどの数値も調整可能になります。

● レイヤーの設定

レイヤーごとにライトの影響を受けるかどうかを設定することが可能です。

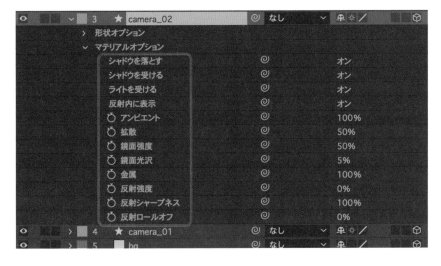

6

図解 3D空間に必要なカメラの知識

3Dのモーションを作成する場合には、対象を見る視点や、どこに焦点を合わせるかを決めるカメラの設定が重要になります。2Dと3Dの違い、カメラの機能などを理解して表現の幅を広げていきましょう。

▶…カメラレイヤーの特徴

◉ カメラの種類

1ノードカメラ	2ノードカメラ
・カメラを固定した感じ	・手持ちで動き回る感じ
・平行移動しやすい	・回り込める

◉ レンズ

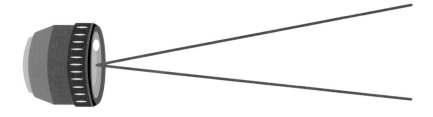

レンズの数値が大きくなるにつれて対象が大きく（拡大して）映ります。逆に数値が小さいと対象が小さく（広角に）映ります。

小さく ◀－－－－－－－－－－－－－－－－－▶ 大きく

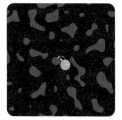 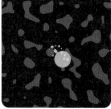 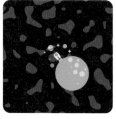 

| 15mm | 24mm | 50mm | 200mm |

● 目標点

「目標点」とは常に向いておきたいポイントです。「2ノードカメラ」の場合、見たい向きを固定して回り込んだりすることが可能です。

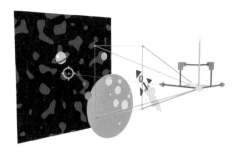
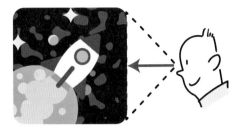

常にどの方向に向くか

● 位置

位置はどこから見るかを決めます。上のほうであれば俯瞰で見えますし、下から煽ってみることも可能です。目標点や方向と合わせてどのように見たいかを決めましょう。

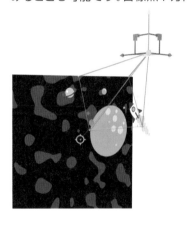

見ている場所

● 方向

「1ノードカメラ」などで必要に応じてカメラを振る動作のイメージです。何もしなければカメラの方向は一定になります。

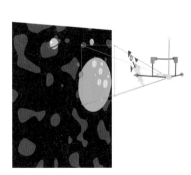

その都度カメラを向ける

03 平行移動で3D空間を撮る

3D空間をカメラで撮影しましょう。これまでは3Dオブジェクトの組み立て方や動きの操作方法でしたが、ここからはでき上がった3D空間をカメラを使って1つのシーンに仕上げる作業です。

STEP 1 カメラを追加する

　ここからは、ダウンロード素材の「フッテージ」フォルダにある After Effects のプロジェクトファイル「3D_カメラ.aep」を使って実際の操作を行います。プロジェクトを開くと、4つのコンポジションがあり、いずれも同じ3Dオブジェクトが静止状態で配置されています。この3Dオブジェクトのつくり方や移動方法はこれまでの3D関連の操作を参照してください。これから行うカメラの平行移動にはコンポジションの「3Dカメラ_平行移動」を使います。[タイムライン]のタブで「3Dカメラ_平行移動」コンポジションを開いてください。

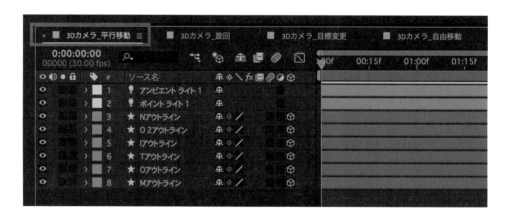

「3D_カメラ.aep」の初期状態

　まずカメラを追加します。「レイヤー」メニューの「新規」から「カメラ」を選ぶと「カメラ設定」が現れます。ここでのカメラ設定は「プリセット」を「50mm」にするだけです。「OK」をクリックすると、「カメラ 1 レイヤー」が追加されます。

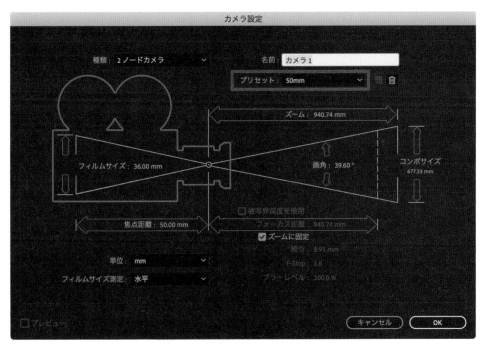

「カメラ 1 レイヤー」を選択した状態で、[コンポジション] パネル下部にある「3D ビュー」を「トップビュー」に切り替えると、カメラが表示されています。

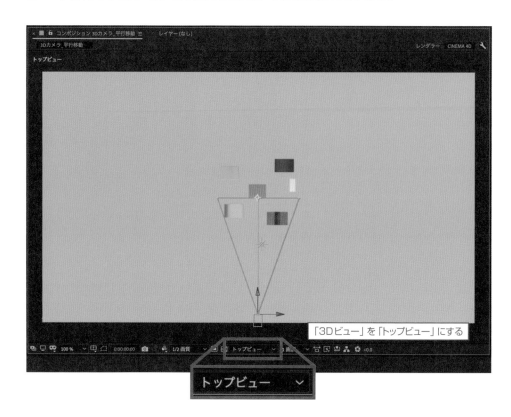

「3Dビュー」を「トップビュー」にする

トップビュー ✓

[コンポジション] パネルのサイズにより 3D ビューが遠かったり、逆に近すぎる場合は、「C」キーを押してカメラツールに切り替えてビューの操作を行います。カメラツールは [ツールパレット] でも切り替えられますが、「C」キーは押すごとにカメラツールの種類が切り替わるので効率的に操作が行えます。

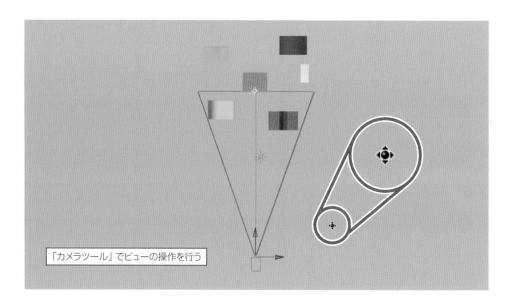

「カメラツール」でビューの操作を行う

カメラにも他の3Dオブジェクトと同様に「3D軸」があります。カメラから伸びた三角形はカメラに写る範囲で、底辺の中央にあるポイントはカメラの「目標点」です。初期状態では画面中央にある「T」文字オブジェクトの中心をとらえています。

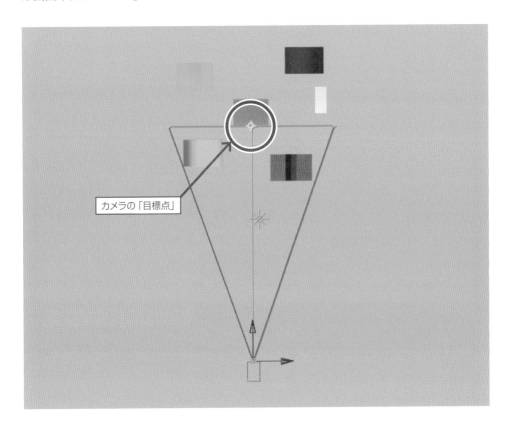

カメラの「目標点」

「3Dビュー」を「レフトビュー」に切り替えて3D空間を左側から見ると、カメラの目標点が上下方向においても「T」文字オブジェクトの中心をとらえていることがわかります。

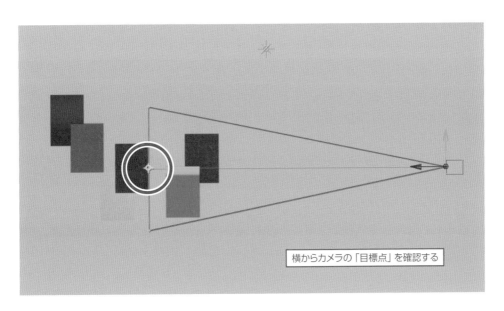

横からカメラの「目標点」を確認する

今度は「3Dビュー」を「カメラ 1」に切り替えます。これがカメラのとらえている画角で、作成したモーションをムービー出力する場合は、このビューを出力します。

「3Dビュー」を「カメラ 1」にする

STEP
2
前を向いたまま
カメラ移動する

「カメラ 1 レイヤー」のプロパティを開くと、「トランスフォーム」の中に「目標点」と「位置」というプロパティがあります。カメラを動かす場合はこの2つが重要になります。

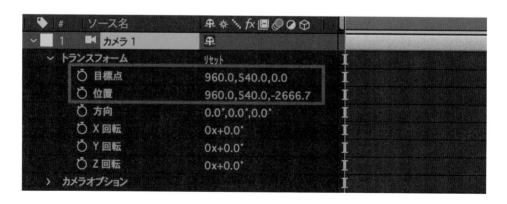

　最初はカメラが前を向いたまま横移動するモーションをつくってみましょう。動いている
電車の窓から外を撮影しているようなイメージです。

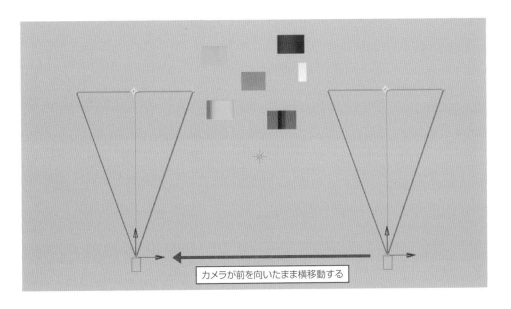

カメラが前を向いたまま横移動する

　「3Dビュー」を「トップビュー」に切り替えます。カメラを横方向に移動させたいので、カ
メラの「3D軸」の「X位置」をドラッグします。ポインタを赤い矢印の上に持って行き、ポ
インタに「X」が表示されたら、その状態でドラッグします。そうすると、カメラ本体とカメ
ラから伸びた三角形の両方が横方向に移動します。

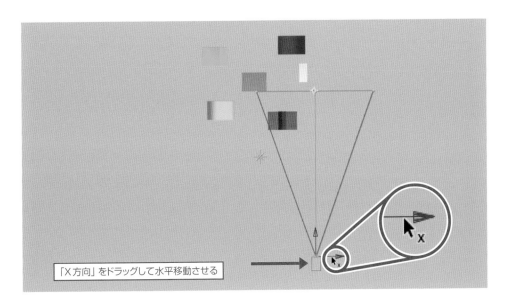

「X方向」をドラッグして水平移動させる

　同時に「カメラ 1 レイヤー」の「目標点」と「位置」、両方のプロパティの「X位置」の数
値も変化します。これが、カメラが前を向いたまま横移動している状態です。

　では実際に横移動の動きをつくりましょう。まず「0 フレーム」で「目標点」と「位置」に
キーフレームを設定します。次に、「3D 軸」の「X 位置」を右にドラッグしてまだカメラが
何も写していない場所まで横移動します。

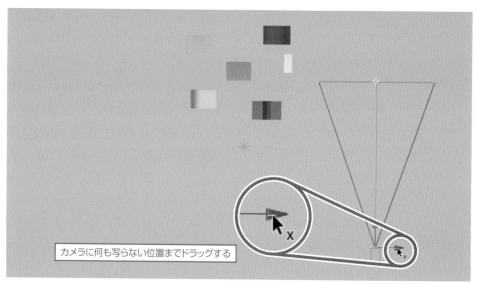

カメラに何も写らない位置までドラッグする

　[時間インジケーター] を最後のフレームに移動し、「3D 軸」の「X 位置」を左にドラッグ
してカメラが 3D オブジェクトの前を通り過ぎて再び何も写していない状態の場所まで横
移動します。

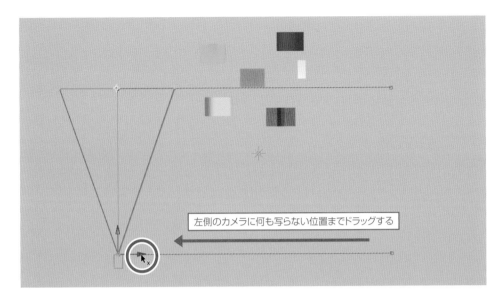

左側のカメラに何も写らない位置までドラッグする

「時間インジケーター」を左右にドラッグするとカメラと目標点が横に移動していることがわかります。

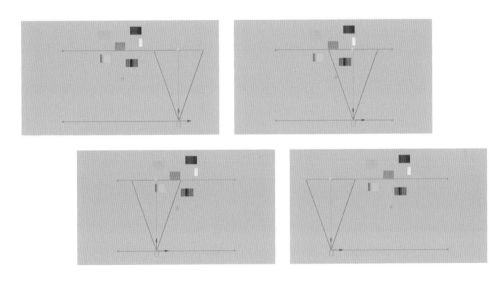

「3D ビュー」を「カメラ 1」に切り替えて再生すると、3D 空間に配置された 3D の文字が左から右に移動していきます。立体的に配置してあるので、カメラの移動に合わせて文字の重なり具合が変化します。これでカメラが単純に横移動する映像の完成です。

目標をとらえながら
カメラ移動する

　今度は、カメラがひとつの目標をとらえながら横移動するモーションをつくってみましょう。違いがわかるように先ほどのカメラは残しておきます。

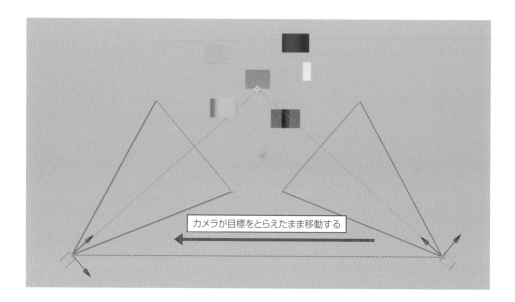

カメラが目標をとらえたまま移動する

　横移動させた「カメラレイヤー」の表示を「オフ」にし、「レイヤー」メニューの「新規／カメラ」で新たにカメラを追加します。カメラの設定は最初と同じにします。

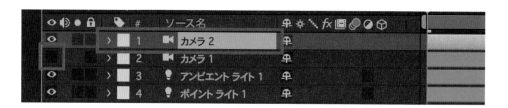

　「カメラ 2」レイヤーが追加されたら、「3D ビュー」を「トップビュー」に切り替えます。先ほどと同じく、カメラが画面中央の文字をとらえています。

「トップビュー」にして「カメ
ラ 2」の目標点を確認する

　「カメラ 2 レイヤー」のプロパティを開き、「位置」プロパティの中の一番左の「X 位置」
の数字上をドラッグして数値を変えます。そうすると、カメラの目標点が固定されたままカ
メラ本体が横に移動します。

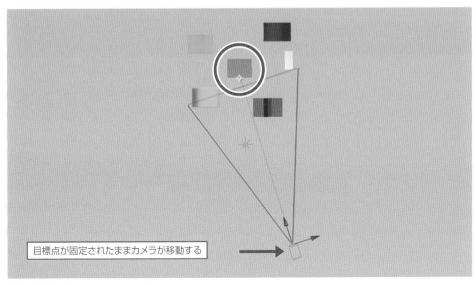

目標点が固定されたままカメラが移動する

「0フレーム」で「位置」プロパティにだけキーフレームを設定し、「X位置」の数字上をドラッグしてカメラを右に移動します。ここでは「X位置」の値が「4000」になるまでドラッグしてみましょう。

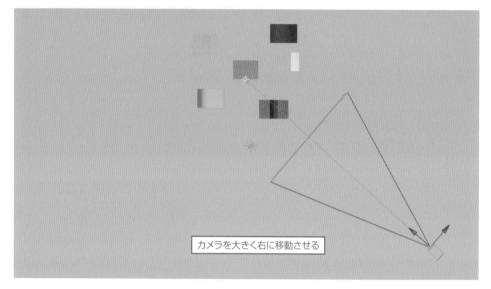

カメラを大きく右に移動させる

次に、[時間インジケーター]を最後のフレームに移動し、「X位置」の数字上をドラッグしてカメラを左に移動します。ここでは「X位置」の値が「-2100」になるまでドラッグしてキーフレームを設定します。

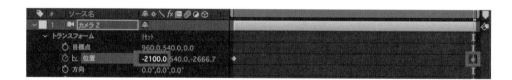

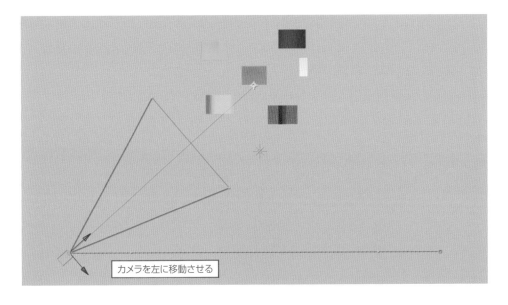

カメラを左に移動させる

［時間インジケーター］をドラッグすると、カメラが「T」の文字をとらえたまま右から左に移動します。

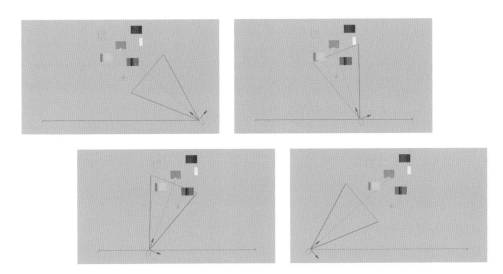

「3Dビュー」を「カメラ2」に切り替えて再生すると、画面中央に常に「T」文字をとらえたままカメラが移動します。これで目標をとらえながら平行移動するカメラの完成です。

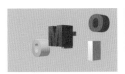   

　　　目標点は数値やドラッグで移動できるので、目標点を変えて他の文字をとらえたまま移動させることも可能です。

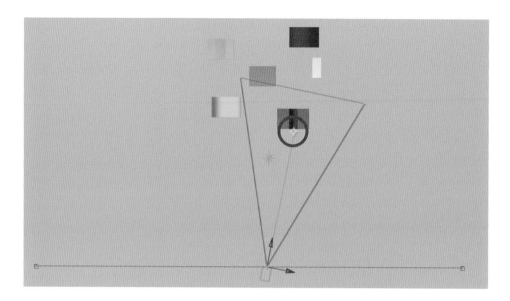

04 目標をとらえたまま旋回する

カメラの目標点を固定していればカメラ本体を動かしても常に同じ場所をとらえ続けます。この機能を利用して目標をとらえたまま周りを旋回するモーションをつくってみましょう。

 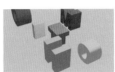  

 ## STEP 1 カメラの初期位置を決める

ダウンロード「フッテージ」フォルダにあるプロジェクトファイル「3D_カメラ.aep」を開き、[タイムライン]のタブで「3Dカメラ_旋回」コンポジションを開いてください。

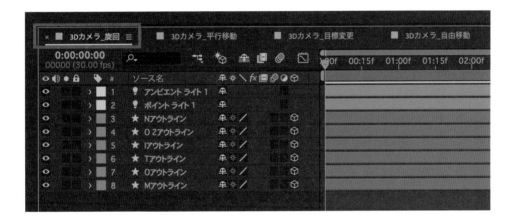

「レイヤー」メニューの「新規／カメラ」でカメラを追加します。カメラ設定は「プリセット」の「50mm」にしてください。

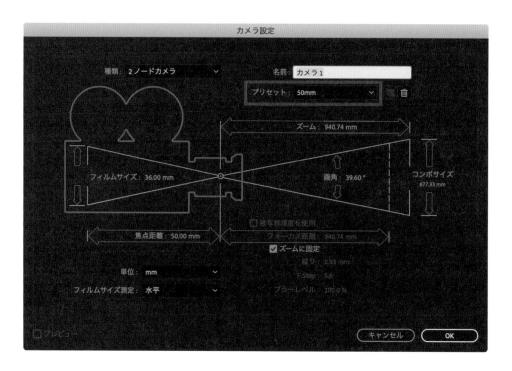

最初にカメラの初期位置を決めましょう。まず「3Dビュー」を「カメラ 1」に切り替えます。

『3Dビュー』を「カメラ 1」にする

次に「カメラ 1」レイヤーを選択し「P」キーを押して「位置」プロパティを開きます。「位置」プロパティの値を変更しても「目標点」プロパティ値は変わらないので、カメラは画面

中央の「T」の文字をとらえ続けます。ここでは「位置」プロパティの中央にある「Y位置」の値を「-1500」まで下げて、カメラを上に移動してみます。

　左から見るとこのような状態です。この、上から「T」の文字を見下ろす位置をカメラの初期位置とし、これからカメラが「T」の文字をとらえたまま旋回するようにします。

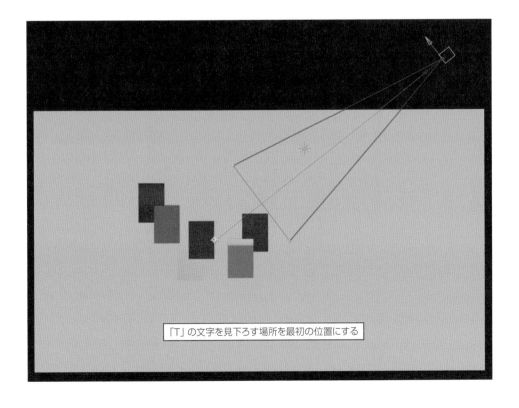

「T」の文字を見下ろす場所を最初の位置にする

STEP
2

ヌルを
回転させる

　カメラを旋回させるために「ヌルオブジェクト」を使います。「ヌルオブジェクト」は透明な
オブジェクトですが、位置や回転などの属性は持っているので、それを他のレイヤーの動
きなどに利用することができます。ここではヌルオブジェクトの回転をカメラの旋回に使い
ます。まず、「レイヤー」メニューの「新規」から「ヌルオブジェクト」を選んで「ヌル」レイ
ヤーを追加します。このレイヤーも「3Dレイヤー」をクリックして 3D レイヤーにします。

　「ヌルオブジェクト」は画面中央にある「T」の文字の場所に生成されます。カメラをこの
「ヌルオブジェクト」のアンカーポイントを中心に旋回させます。

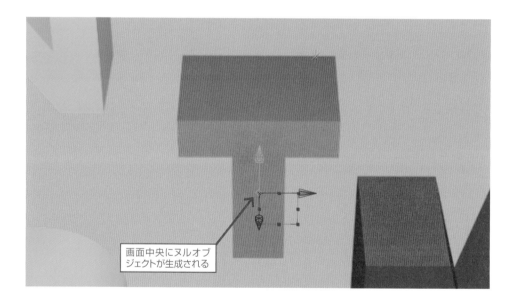

画面中央にヌルオブ
ジェクトが生成される

　「3Dビュー」を「レフトビュー」に切り替えると、「ヌルオブジェクト」のアンカーポイントが
「T」の文字の表面にあります。カメラの旋回の中心は奥行きに関しても「T」の文字の中
央にしたいので、「ヌルオブジェクト」の「Z 位置」を「T」の文字の中央にします。

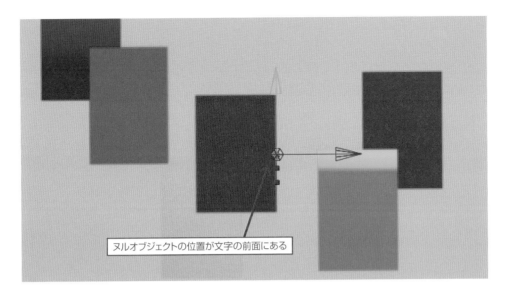

ヌルオブジェクトの位置が文字の前面にある

「ヌル」レイヤーを選択し、「P」キーを押して「位置」プロパティを開きます。次に右にある「Z位置」の値を「T」の文字の厚みの半分移動します。「T」の文字は「300」で押し出してあるので、その半分の「150」を入力すると、「ヌルオブジェクト」の位置は奥行きに関しても「T」の文字の中央になります。

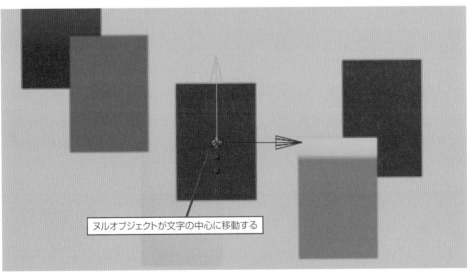

ヌルオブジェクトが文字の中心に移動する

続いてカメラ旋回のための回転を設定します。まず「R」キーを押して「回転」プロパティを開き、「0フレーム」に「Y回転」のキーフレームを設定します。次に、「最終フレーム」で「Y回転」の値を「1×+0.0」にして一回転させます。「ヌルオブジェクト」は透明なので再生しても見えませんが、[時間インジケーター]をドラッグすると回転していることがわかります。

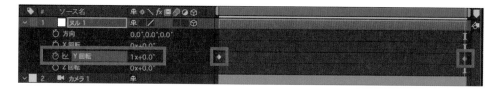

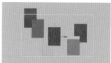  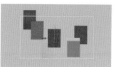 

回転の設定が終わったので、「3D ビュー」を「カメラ 1」に戻します。

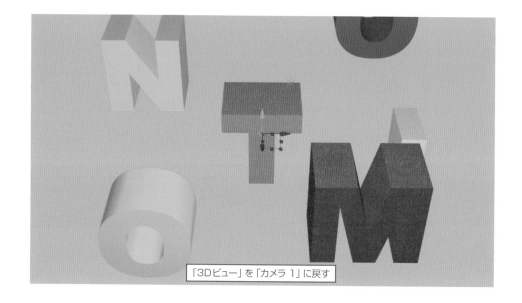

「3Dビュー」を「カメラ 1」に戻す

STEP 3 カメラを
旋回させる

「ヌルオブジェクト」の回転をカメラの旋回に適用するために「親とリンク」機能を使います。まず [タイムライン] の列の空白部分を右クリックして「列を表示」から「親とリンク」を選び、列に「親とリンク」を表示させます。

「カメラ 1」レイヤーの「親とリンク」を「1. ヌル」にします。これで「カメラ 1」レイヤーと「ヌル」レイヤーはリンクされ、親である「ヌル」レイヤーの属性が「カメラ 1」レイヤーに反映されます。これで旋回の設定は完了です。

カメラは「T」の文字の場所にある「ヌルオブジェクト」の回転と連動して旋回します。

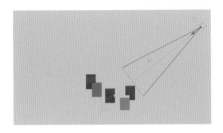
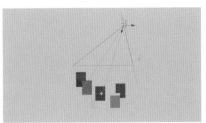

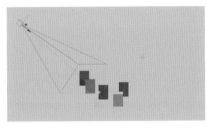
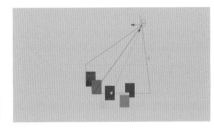

再生すると、カメラが「T」の文字を画面中央にとらえたまま、文字の上を旋回します。

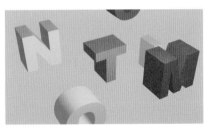

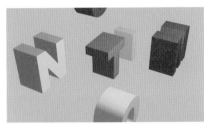
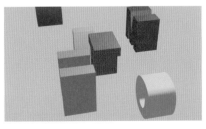

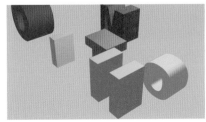
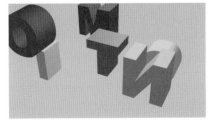

05 カメラの目標を変える

カメラがパンして最初の目標から次の目標に移る動きをつくってみましょう。これまではカメラの「目標点」を固定して「位置」を変更しましたが、今度はその逆の操作を行います。

STEP 1 ヌルを目標位置に移動させる

ダウンロード素材の「フッテージ」フォルダにあるプロジェクトファイル「3D_カメラ.aep」を開き、[タイムライン]のタブで「3Dカメラ_目標変更」コンポジションを開いてください。

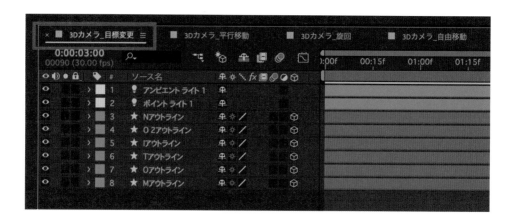

はじめにカメラの目標点となる「ヌルオブジェクト」をつくります。「レイヤー」メニューの「新規」から「ヌルオブジェクト」を選んで「ヌル」レイヤーを追加します。このレイヤーも「3Dレイヤー」をクリックして3Dレイヤーにしましょう。

「ヌルオブジェクト」の位置がカメラの目標点になりますが、まずは目標点を想定しましょう。ここではカメラの目標を、最初の1秒間「M」の文字をとらえ、1秒でパンして最後の1秒は「O」の文字をとらえることにします。

カメラの目標が変わるようにする

「ヌル」レイヤーを選択した状態で「P」キーを押して「位置」プロパティを開きます。同様に「M アウトライン」レイヤーの「位置」プロパティも開きます。

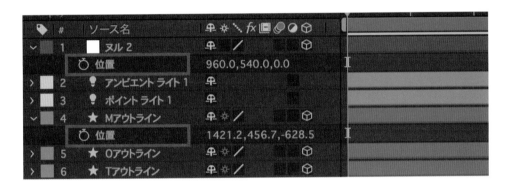

　最初の 1 秒間は「M」の文字をとらえるので、まず［時間インジケーター］を「1 秒」に移動して、「ヌル」レイヤーの「位置」プロパティにキーフレームを設定します。続いて「M アウトライン」レイヤーの「位置」プロパティを選択してコピーし、「ヌル」レイヤーを選択してペーストします。そうすると「ヌルオブジェクト」は「M」の文字の場所に移動します。

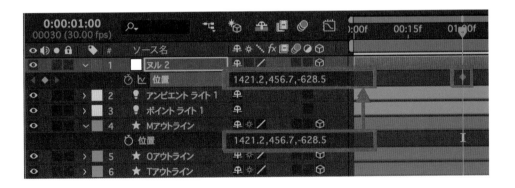

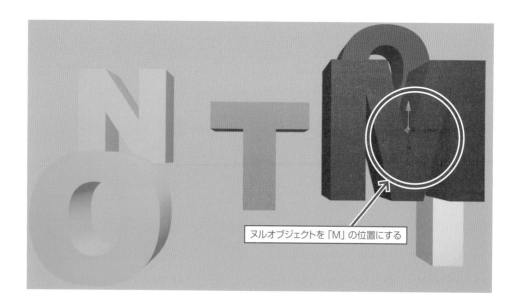

ヌルオブジェクトを「M」の位置にする

[時間インジケーター]を「2秒」に移動し、次の目標になる「Oアウトライン」レイヤーの「位置」プロパティを開いて選択し、コピーします。「ヌル」レイヤーを選択してペーストすると「ヌルオブジェクト」は「O」の文字の場所に移動します。これで「ヌルオブジェクト」の設定は完了です。

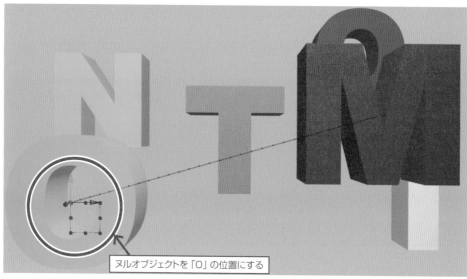

ヌルオブジェクトを「O」の位置にする

STEP 2　目標にカメラをパンさせる

「レイヤー」メニューの「新規/カメラ」でカメラを追加します。カメラ設定は、まずこれまで通り「プリセット」の「50mm」にしてください。

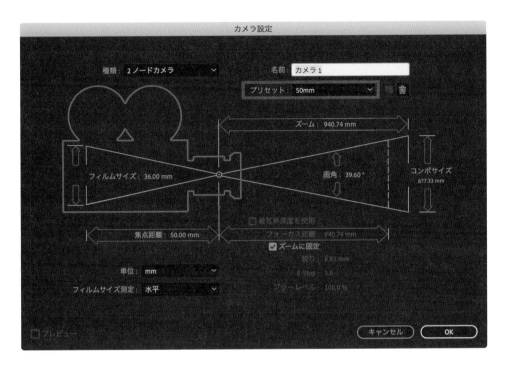

「カメラ 1」レイヤーが追加されるので、「3D ビュー」を「カメラ 1」に切り替えます。

「3Dビュー」を「カメラ 1」に切り替える

次に「カメラ 1」レイヤーを選択し、「A」キーを押して「目標点」プロパティを開きます。「A」キーは通常のレイヤーでは「アンカーポイント」プロパティを開くショートカットですが、カメラのレイヤーには「アンカーポイント」が存在せず「目標点」プロパティが開きます。

「目標点」プロパティのストップウォッチマークを、Windows は「Alt」、macOS は「option」を押しながらクリックして「エクスプレッション」を追加します。続いて「エクスプレッション」の「ピックウィップ」を「ヌル」レイヤーの「位置」プロパティにドラッグ&ドロップします。これで 2 つのプロパティにリンクが張られました。

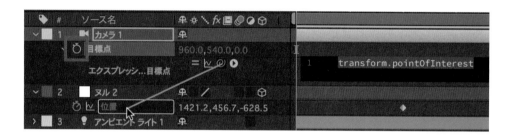

再生すると、カメラはまず「M」の文字をとらえ、続いて「O」の文字をとらえるためにパンします。動きの基本は完成しましたが、大人しい動きで面白くありません。また、画角も平坦です。そこで、仕上げにカメラの効果を加えます。

カメラの効果を
加える

　まずは画角です。もっと文字に寄ったほうが画面が引き締まります。そこで、カメラのレンズを変えましょう。「カメラ 1」レイヤーをダブルクリックして「カメラ設定」を出し、「プリセット」を少し望遠の「80mm」に変えます。

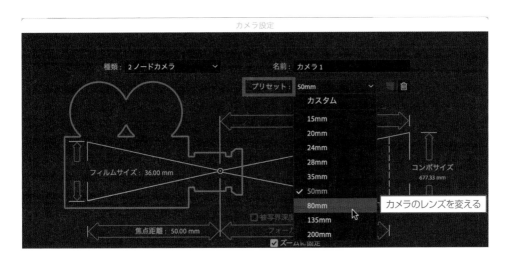

　カメラのレンズが変わり、文字に寄りました。この画角でパンさせることにします。

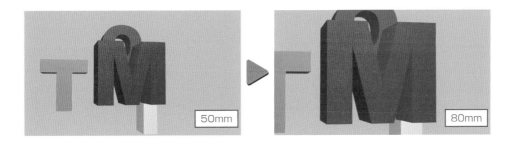

　次にパンの動きです。現在は等速の動きなので、これに変化を加えます。「ヌル」レイヤーの「位置」プロパティの 2 つのキーフレームを選択し、どちらかを右クリックしてメニューの「キーフレーム補助」から「イージーイーズ」を選びます。これでパンの動き始めと動き終わりがゆっくりになります。

06 自由に移動して3D空間を撮る

カメラのモーションパスをつくって自由に移動させながら3D空間に配置したオブジェクトを撮影してみましょう。ここでも「ヌルオブジェクト」と「親とリンク」機能を使います。

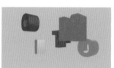

STEP 1 カメラの初期位置を決める

ダウンロード素材の「フッテージ」フォルダにあるプロジェクトファイル「3D_カメラ.aep」を開き、[タイムライン] のタブで「3Dカメラ_自由移動」コンポジションを開いてください。

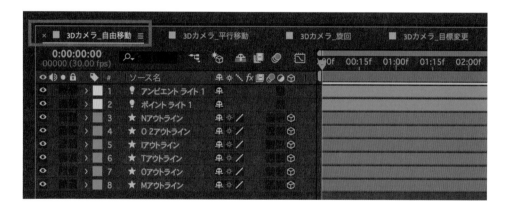

「レイヤー」メニューの「新規/カメラ」でカメラを追加します。自由に移動するカメラにするのでレンズを広角にしたほうが効果的です。そこで、カメラ設定の「プリセット」を「28mm」にします。

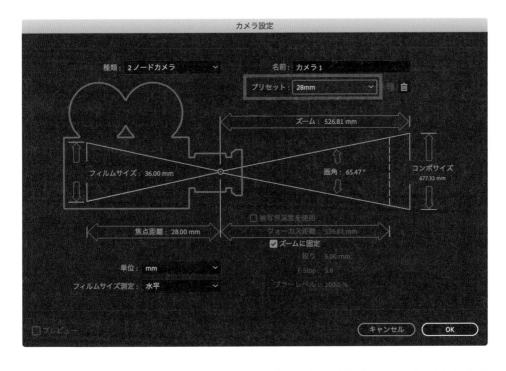

　最初にカメラの初期位置を決めましょう。まず「3D ビュー」を「カメラ 1」に切り替えます。広角レンズにしたのでこれまでと違い、3D 文字の配置が広がって見えます。

　カメラの初期位置を決めるために、「カメラ 1」レイヤーを選択し「P」キーを押して「位置」プロパティを開きます。3D 文字が全部入るように右の「Z 位置」の値を「-1800」で下げました。これをカメラの初期位置とします。

カメラの初期位置

移動するヌルを
つくる

　カメラ移動をつくるための「ヌルオブジェクト」をつくります。「レイヤー」メニューの「新規」から「ヌルオブジェクト」を選んで「ヌル」レイヤーを追加します。このレイヤーも「3Dレイヤー」をクリックして3Dレイヤーにしましょう。

　「ヌルオブジェクト」の動きをつくり、それをカメラの動きにします。そのためにまず、「3Dビュー」を「トップビュー」に切り替えます。［コンポジション］パネルのサイズにより3Dビューが遠かったり、逆に近すぎる場合は、「C」キーを押してカメラツールに切り替えてビューの操作を行います。

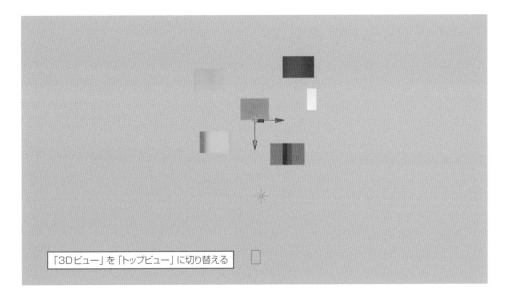

「3Dビュー」を「トップビュー」に切り替える

「ヌル」レイヤーを選択し、「P」キーを押して「位置」プロパティを開きます。「ヌルオブジェクト」の初期位置をカメラの初期位置と同じにしたいので、「Z 位置」のカメラと同じ「-1800」にします。これが動きのスタート位置なので「0 フレーム」で「位置」プロパティのキーフレームを設定します。

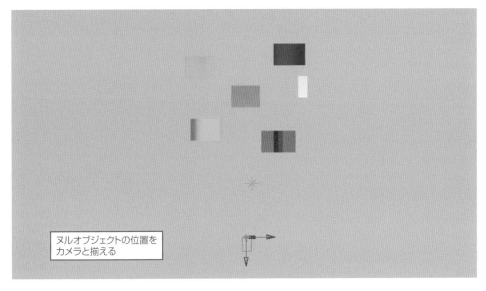

ヌルオブジェクトの位置を
カメラと揃える

　続いて、「最終フレーム」にも「位置」プロパティのキーフレームを設定し、「ヌルオブジェクト」の「3D 軸」をドラッグして移動の最終位置まで移動します。ここでは「位置」プロパティの値が「-600,540,1900」の位置まで移動しました。

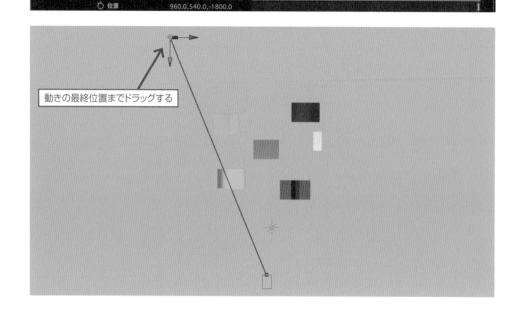

「ヌルオブジェクト」のモーションパスが表示されているので、キーフレームのハンドルを
ドラッグしてモーションパスのカーブをつくります。これで「ヌルオブジェクト」の設定は完
了です。

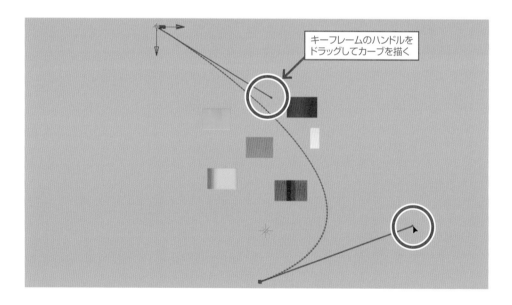

STEP 3 ヌルとカメラをリンクさせる

「ヌルオブジェクト」の移動をカメラ本体の移動に適用するために「親とリンク」機能を使います。まず [タイムライン] の列の空白部分を右クリックして「列を表示」から「親とリンク」を選び、列に「親とリンク」を表示させます。

「カメラ 1」レイヤーの「親とリンク」を「1. ヌル」にします。これで「カメラ 1」レイヤーと「ヌル」レイヤーはリンクされ、親である「ヌル」レイヤーの属性が「カメラ 1」レイヤーに反映されます。

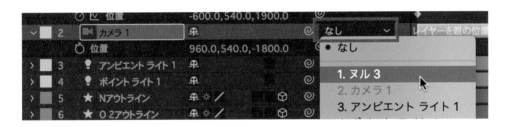

[時間インジケーター] をドラッグすると、カメラが「ヌルオブジェクト」と同じ軌道で移動することがわかります。

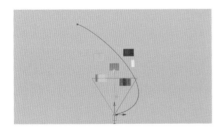
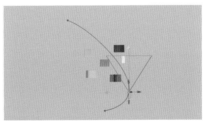

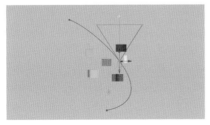
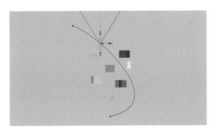

「3D ビュー」を「カメラ 1」に切り替えて再生すると、設定通りカメラが 3D 文字の間を通る動きをしますが、カメラがずっと前方を向いているので後半は何も写っていません。そこで、カメラの「目標点」を動かして絶えず 3D 文字を写すようにしましょう。

STEP 4 カメラの目標点を変える

カメラの「目標点」を調整するために、まず「3D ビュー」を「トップビュー」に切り替えます。

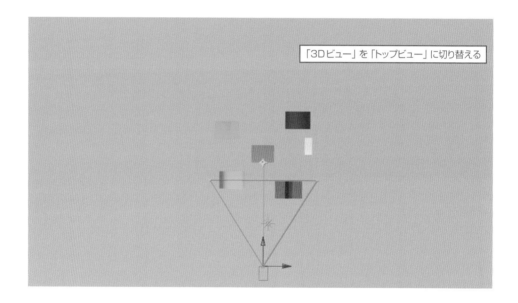

「3Dビュー」を「トップビュー」に切り替える

「カメラ 1」レイヤーを選択し、「A」キーを押して「目標点」プロパティを開きます。まず、正面を向いた現在の状態で「0 フレーム」にキーフレームを設定します。

[時間インジケーター] をドラッグして、カメラに写る範囲から 3D 文字が外れ始めるタイミングと、遠ざかり始めのタイミング、そして最後のフレームの 3 箇所に「目標点」プロパティのキーフレームを設定します。ここでは「1 秒 10 フレーム」と「2 秒 20 フレーム」、そして「最終フレーム」にキーフレームを設定しました。

それぞれのキーフレームに [時間インジケーター] を移動して、カメラの「目標点」をドラッグしてカメラの向きを変えます。最初は「最終フレーム」です。ここで文字全体を写しながら遠ざかるようにします。

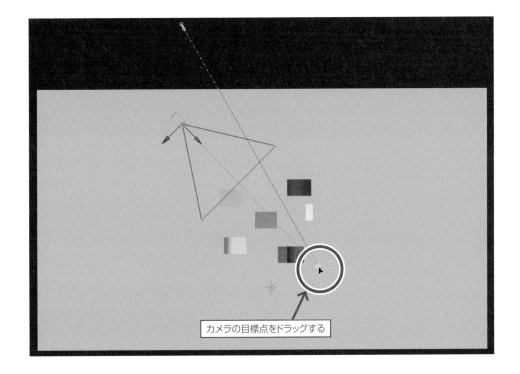

カメラの目標点をドラッグする

続いて、「1秒10フレーム」で「T」と「I」の文字の間を狙い、「2秒20フレーム」で「O」の文字、「最終フレーム」で「T」の文字を狙うようにしました。

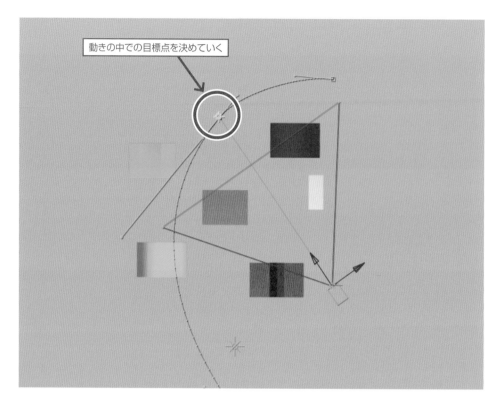

動きの中での目標点を決めていく

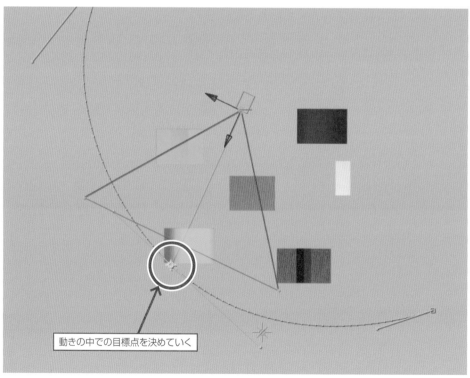

動きの中での目標点を決めていく

「目標点」の移動にもモーションパスが存在するので、パスが全部見えてハンドルを操作しやすい「2秒」近辺で「目標点」のモーションパスのカーブがきれいになるようにハンドルで調整します。

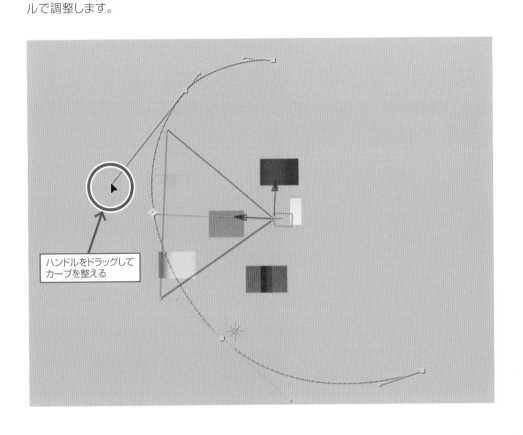

ハンドルをドラッグして
カーブを整える

MEMO キーフレームハンドルが出ない場合

キーフレームを設定してもハンドルが出ない場合は「頂点を切り替えツール」でキーフレームをドラッグしてハンドルを出します。

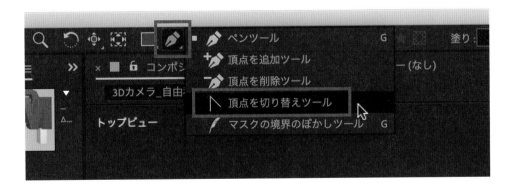

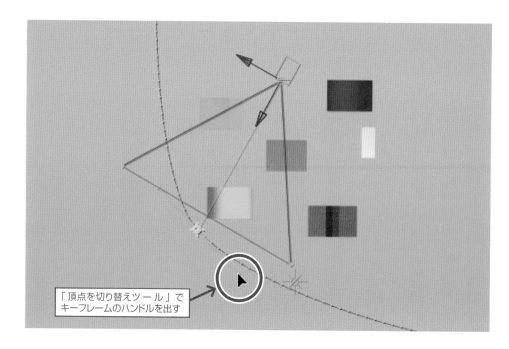

「頂点を切り替えツール」で
キーフレームのハンドルを出す

「3Dビュー」を「カメラ1」に切り替えて再生すると、カメラが絶えず3D文字を写しながら移動します。

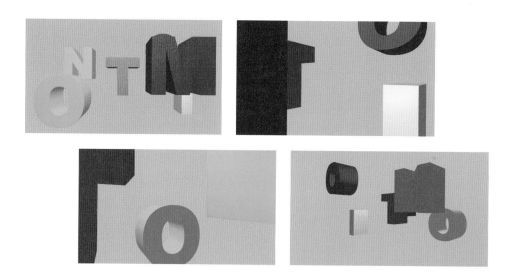

7

効果

After Effectsの持つエフェクトで
モーショングラフィックスをつくってみましょう。

図解 エフェクトでつくるモーションとは？

エフェクトを使うことでモーションの表現に広がりが出ます。エフェクトをどのように掛け合わせていくかパズルのような感覚で楽しみましょう。

▶… モーションを助けるエフェクト

エフェクトには多くの種類がありますが、そのエフェクトで何ができるかを覚えておけばさまざまな場面で役に立ちます。

◎ カードダンス

不規則な背景アニメーション

レイヤーをバラバラに動かすことが可能です。平面レイヤーを動かして背景をつくるのにも役立ちます。

おすすめプロパティ

・行

・列

・XYZ回転

◎ ブラシアニメーション

文字を手書きで書くようなアニメーションを作成できます。

手書きで書いたように出現

おすすめプロパティ

・ブラシの位置

・ブラシの間隔

・ペイントスタイル

● CC Pixel Polly

破裂するアニメーション

ガラスが砕けたようにレイヤーを破砕します。

おすすめプロパティ

- Gravity
- Object
- Start Time (sec)

● 極座標

手書きで書いたように出現

縦線などを湾曲させて集中線など、躍動感ある表現にすることが可能です。

おすすめプロパティ

- 補完
- 変換の種類

● レンズフレア

光の反射や、フラッシュなどを再現することが可能です。

おすすめプロパティ

- 光源の位置
- レンズの種類

01 図形を描画する

平面にエフェクトを適用して図形を描画することができます。代表的な図形描画エフェクトとそのプロパティを紹介するので、実際にプロパティを操作して図形の変化を確かめてください。

   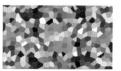

STEP 1 新規平面をつくる

アニメーションを再生できる「5 秒」のデュレーションの新規コンポジションを作成します。背景色は、ここでは「暗いグレー」にします。

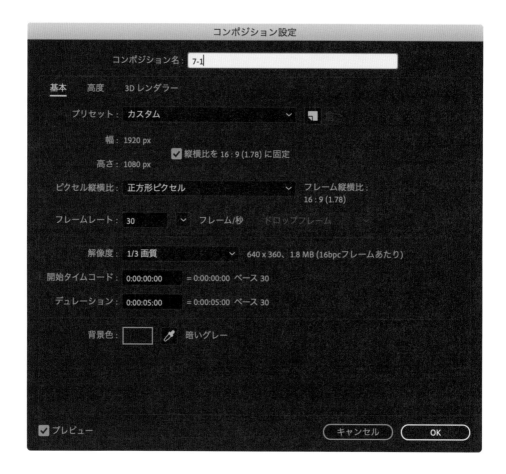

続いてエフェクトを適用するための平面をつくりますが、この章で行うエフェクトでの図形描画では必ず最初に新規平面をつくります。「レイヤー」メニューの「新規」から「平面」を選びます。平面のサイズはコンポジションと同じで、色は何色でもかまいません。ここでは「ブラック」の平面にします。

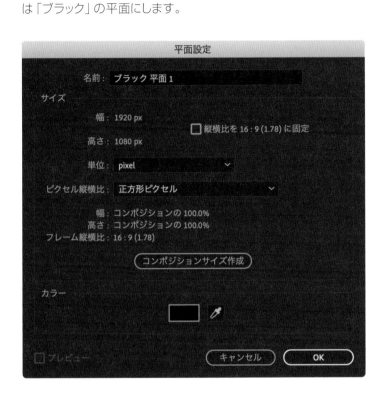

　新規平面が追加されて準備完了です。ここまでの操作の説明は今後の操作では省くので、ここで覚えておいてください。

STEP 2 グリッド

　「平面レイヤー」を選択した状態で［エフェクト&プリセット］パネルの「描画」の中にある「グリッド」をダブルクリックして適用すると、グリッドラインが描画されます。

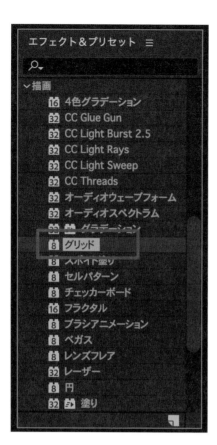

グリッドが生成される

　用途としてはモーショングラフィックスの背景に使うことが多く、その場合は「カラー」と「不透明度」プロパティでグリッドラインを背景らしく目立たない色にします。

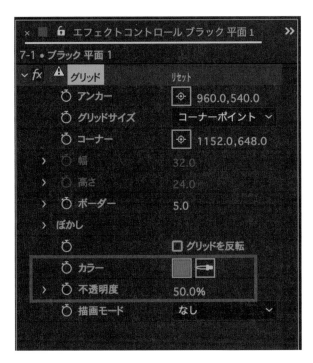

グリッドの色や不透明度を調整する

　正方形のグリッドにする場合は、「グリッドサイズ」プロパティで「幅スライダー」を選び、「幅」でグリッドのサイズを設定します。

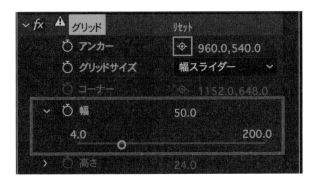

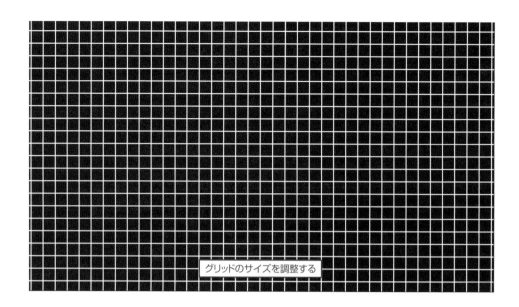

グリッドのサイズを調整する

「ボーダー」プロパティはグリッドの線の太さです。このプロパティにキーフレームを設定して値を上げていくと、グリッドの幅が広がってやがて画面全部を埋め尽くします。「幅」の値により画面が埋め尽くされる「ボーダー」の値は異なり、場合によってはスライダーでの最大値「100」でも画面がすべて埋まらないこともありますが、数字上をドラッグするとそれ以上の値が設定できます。このアニメーションを下のレイヤーの「トラックマット／アルファマット」にすれば、そのレイヤーが出現するワイプ効果にすることができます。

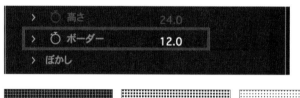

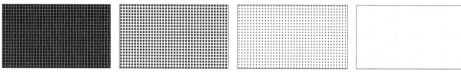

STEP 3 円

「平面レイヤー」を選択した状態で［エフェクト＆プリセット］パネルの「描画」の中にある「円」をダブルクリックして適用すると、白い円が描画されます。

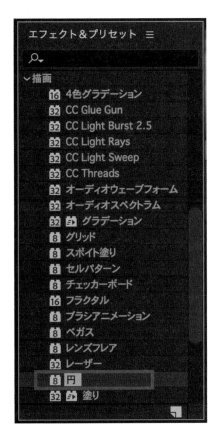

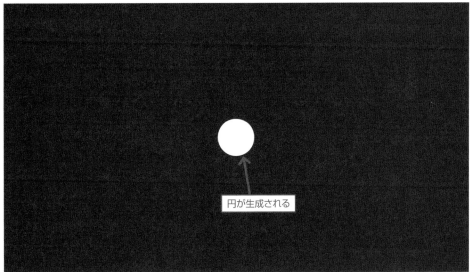

円が生成される

　円の描画や広がる円のアニメーションは「シェイプレイヤー」でも行えるので、好みで使い分けてください。プロパティを簡単に説明すると、「半径」で円のサイズを変え、「エッジ」を「太さ」もしくは「太さ * 半径」にすると外枠だけの円になります。「太さ」は円のサイズを変えても枠線の太さは変わりませんが、「太さ * 半径」は円の大きさに比例して線の太さが変わります。

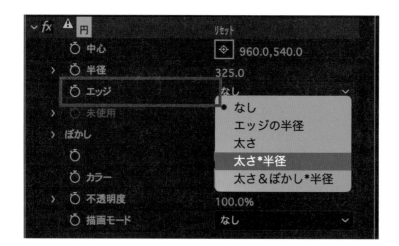

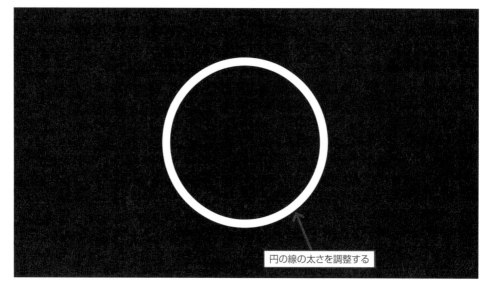

円の線の太さを調整する

　「円」エフェクトならではの効果は「ぼかし」プロパティにあります。円の外側と内側にぼかしを加えることができるので、たとえば「エッジ」を「太さ」にして「ぼかし」の「エッジの外側のぼかし」の値をあげると、枠の外側だけがぼけて皆既日食のようになります。

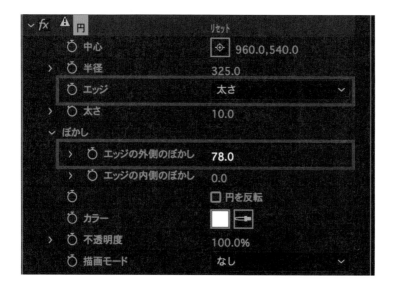

円の内側や外側だけをぼかす

STEP
4
電波

「平面レイヤー」を選択した状態で［エフェクト＆プリセット］パネルの「描画」の中にある「電波」をダブルクリックして適用します。再生すると青い外枠の円が広がります。

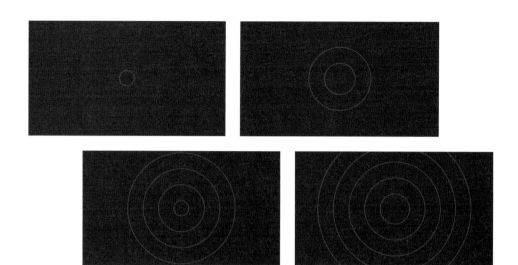

　広がる形状は「波形の種類」プロパティで「多角形」や「マスク」などから選べます。ここで「多角形」を選んだ場合、「多角形」プロパティにある「辺の数」で三角形や四角形にすることができ、「曲線サイズ」で角に丸みのある形状にすることができます。

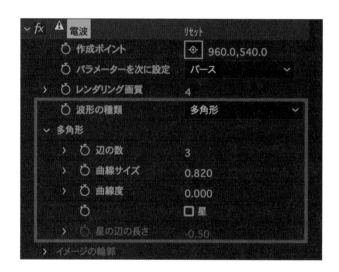

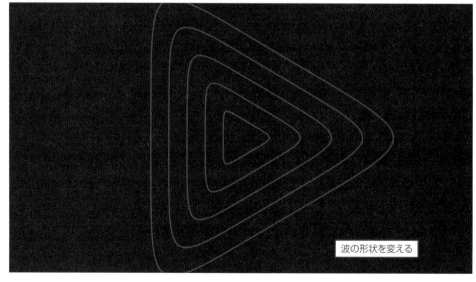

波の形状を変える

広がる動きの設定は「ウェーブモーション」プロパティで行います。「周波数」で形状の繰り返し数、「拡張」で最大の大きさ、「方向」で形状の角度、「寿命（秒）」で消えるまでの時間、などを設定します。

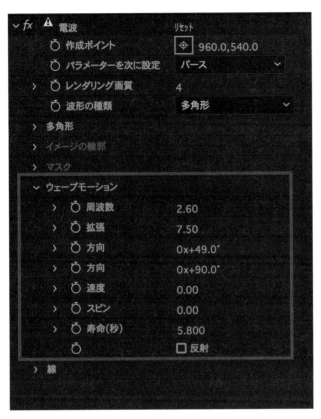

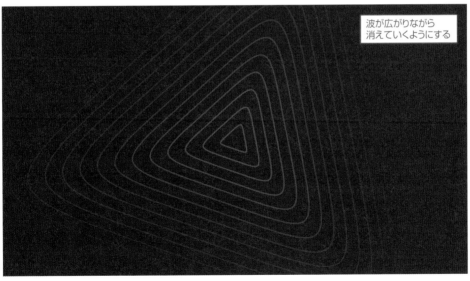

波が広がりながら
消えていくようにする

形状の線の設定は「線」プロパティで行います。色や不透明度をはじめ、発生／消滅時のフェードイン／アウトの時間や線幅が設定できます。

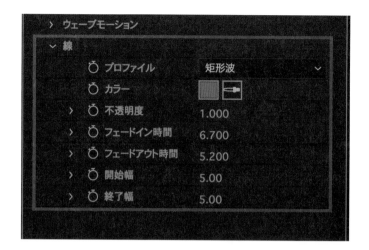

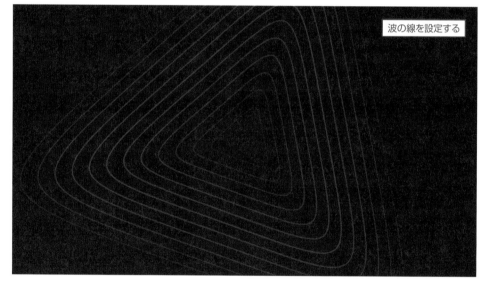

波の線を設定する

STEP
5

その他の図形

その他の描画エフェクトを一覧で紹介します。図を見て興味が湧いたエフェクトをぜひ試してください。

■4色グラデーション

■CC Threads（グレーの平面に適用）

■グラデーション

■セルパターン：バブル

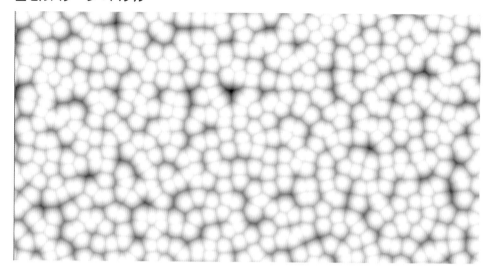

■セルパターン：プレート

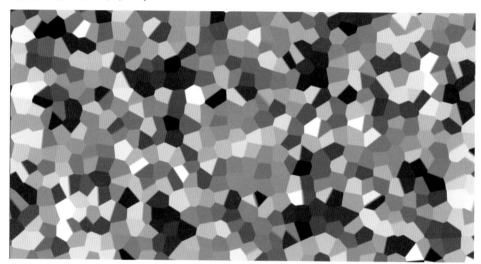

■チェッカーボード

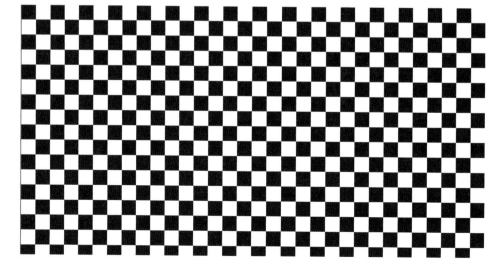

■フラクタル

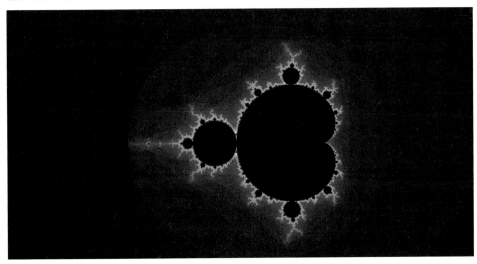

■レンズフレア：50-300mmズーム

■レンズフレア：105mm

■レーザー

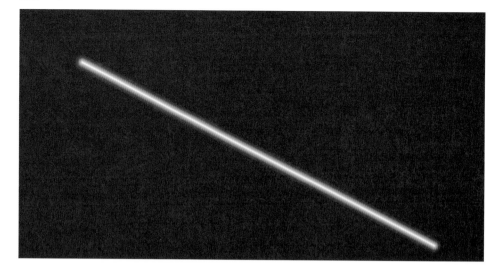

■楕円

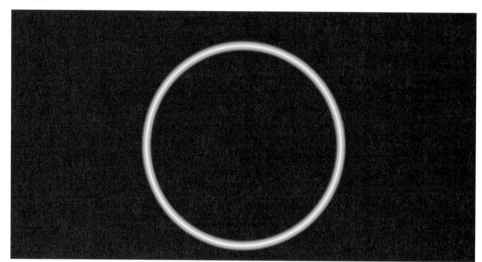

■稲妻（高度）

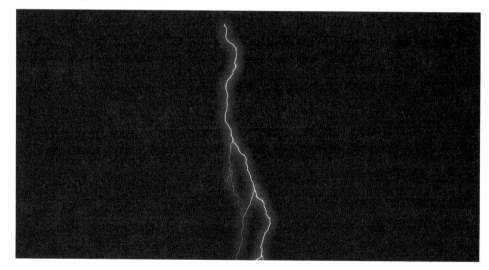

02 動く霧をつくる

モーショングラフィックスの背景や前面のために霧をつくることができます。キーフレームや他のエフェクトを使って霧を動かすこともできるので、実際に操作してみましょう。

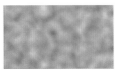

STEP 1 ノイズをつくる

新規コンポジションに新規平面を追加し、[エフェクト&プリセット] パネルの「ノイズ&グレイン」の中にある「タービュレントノイズ」をダブルクリックして適用します。そうすると、砂埃のようなノイズが生成されます。

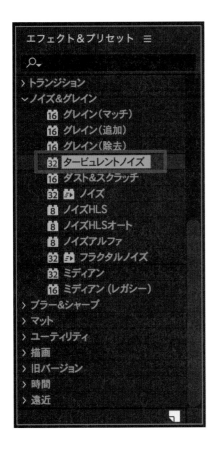

砂埃のようなノイズが生成される

　砂埃の見え方を操作してみましょう。まず「コントラスト」プロパティの値を変えてください。砂埃の明暗の差が変わります。これから砂埃の成分を操作するので、見やすいように明暗差を強くしておきます。ここでは「300」にしました。

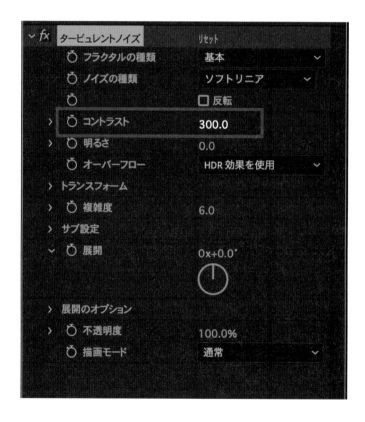

ノイズのコントラストを強くする

　砂埃の中に細かい粒があります。これは「サブ設定」プロパティでつくられた粒です。「サブ設定」の中にある「サブ影響 (%)」プロパティの値を「40」くらいまで下げてみてください。そうすると粒が少なくなります。

　その状態で先ほど操作した「コントラスト」プロパティの値を「70」くらいまで下げると、ざらつきが少なくなり霧のようなノイズになります。

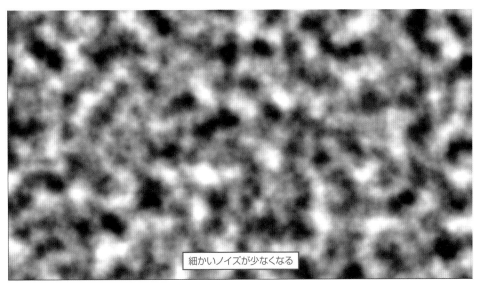

細かいノイズが少なくなる

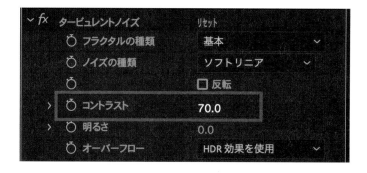

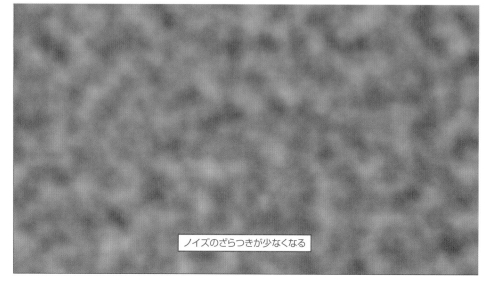

あとは「トランスフォーム」の中にある「スケール」プロパティや、「コントラスト」「明る
さ」プロパティなどで好みのノイズに仕上げます。

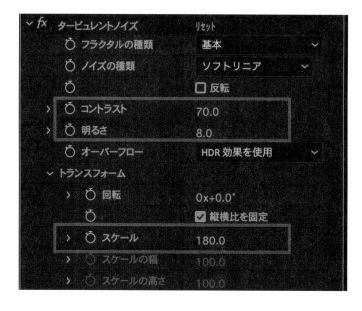

霧のようなノイズにする

STEP
2
霧を
揺らす

　キーフレームを使って霧を揺らしてみましょう。使うのは「サブ設定」の中にある「展開」プロパティです。まず「0 フレーム」で「展開」プロパティのキーフレームを設定します。このエフェクトはプロパティが多く［タイムライン］でプロパティ操作をするのが難しいので、最初に［エフェクトコントロール］パネルでキーフレームを設定してください。

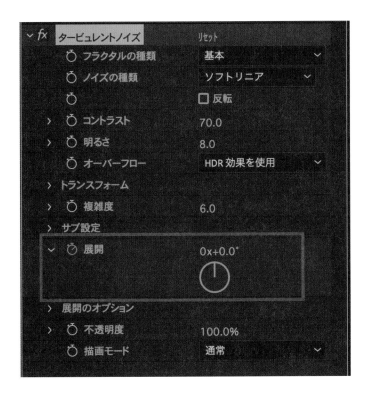

キーフレームが設定してあれば「U」キーを押してそのプロパティだけを開くことができます。「最終フレーム」に[時間インジケーター]を移動し、「展開」プロパティの値を上げます。ここでは「2×+0.0」にして2回転させましょう。

再生すると、霧がゆらゆらと揺れます。揺れの度合いは「展開」プロパティの値で調整できます。「最終フレーム」までの回転が大きいほど速く揺れます。

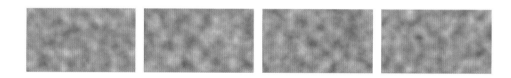

STEP 3 流れる霧にする

揺らぎながら流れる霧にしてみましょう。ここで使うのは「トランスフォーム」の中にある「タービュランスのオフセット」プロパティです。「0フレーム」と「最終フレーム」にキーフレームを設定し、ほんの少しだけ横に動かします。ここでは「0フレーム」で「960,540」、「最終フレーム」で「1160,540」にして見ましょう。

再生すると、霧が揺らぎながら、ゆっくり右に動きます。これで「タービュレントノイズ」でつくる霧の完成です。

STEP 4　空気の揺らぎを加える

　よりリアルな霧にするために、もうひとつエフェクトを適用し、霧に影響をおよぼす空気の揺らぎを加えてみましょう。平面を追加し、[エフェクト&プリセット] パネルの「ディストーション」の中にある「タービュレントディスプレイス」をダブルクリックして適用します。そうすると、霧が少しだけ歪みます。

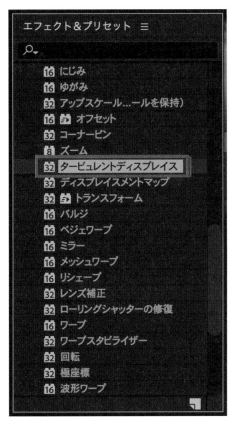

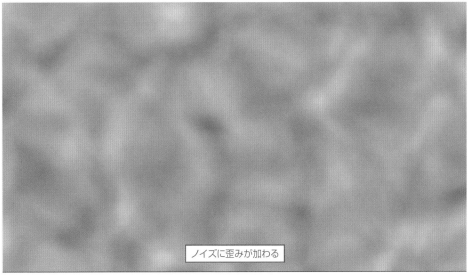

ノイズに歪みが加わる

「タービュレントディスプレイス」は乱気流を加えるエフェクトです。乱気流を動かすために「展開」プロパティを使います。初期状態で「0フレーム」にキーフレームを設定し、「最終フレーム」で値を「2×+0.0」にして2回転させます。

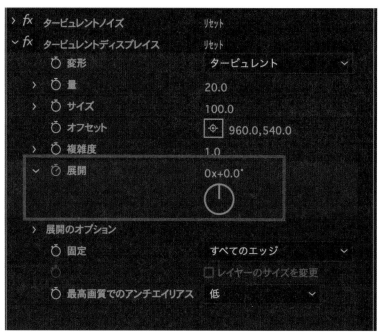

霧に空気の揺らぎが加わりますが、変化が大きく揺らぎというより歪みのようです。

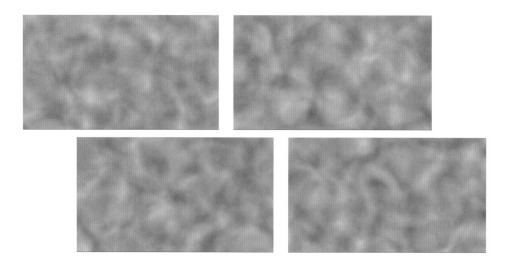

　そこで、「量」プロパティの値を下げて歪みの変化量を小さくします。ここでは「20」にしてみました。変化量が少なくなり自然な揺らぎになります。さらに揺らぎを抑えたい場合は「サイズ」プロパティの値を半分くらいまで下げてみてください。

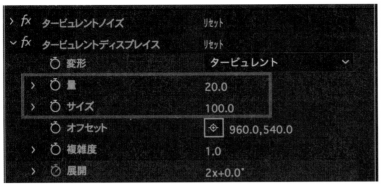

最後にこの揺らぎも横に動かしましょう。使うのは「オフセット」プロパティです。「0 フレーム」と「最終フレーム」に「オフセット」のキーフレームを設定し、ほんの少しだけ横に動かします。ここでは「0 フレーム」で「960,540」、「最終フレーム」で「1160,540」にします。

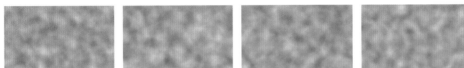

霧自体の揺れと動きに気流も加わり、自然な霧になりました。これで完成です。この霧を他のレイヤーに合成する場合は、このレイヤーの「描画モード」を、暗い部分を透明にする「スクリーン」にして合成します。

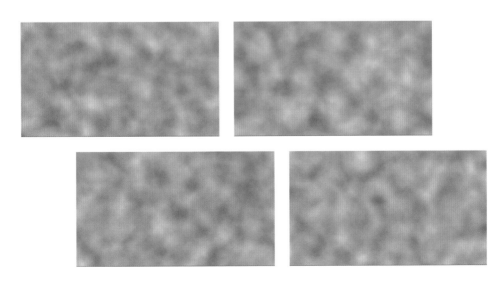

03 音楽の波形を動かす

音楽ファイルの波形を表示します。波形を表示するエフェクトは2種類ありますが、ここでは周波数ごとの音量を表示する「オーディオスペクトラム」エフェクトを使います。

STEP 1 音楽ファイルを配置する

「オーディオスペクトラム」が見やすいように背景色が「黒」の新規コンポジションを作成します（ただし図版では印刷で波形が見えやすいように背景をグレーにしました）。デュレーションはここで使う音楽の長さに合わせて「8秒」にします。次に、ダウンロード素材の「フッテージ」フォルダにある「音楽02.mp3」を読み込んで［タイムライン］に配置します。まずは再生して音楽を聞いてください。次に［タイムライン］の「音楽」レイヤーのプロパティを開き、音楽のウェーブフォームを表示してください。この波形がアニメーションの元になります。

　新規平面を追加し、選択した状態で［エフェクト&プリセット］パネルの「描画」の中にある「オーディオスペクトラム」をダブルクリックして適用します。そうすると、マゼンタ色のドットラインが表示されます。これがオーディオスペクトラムになります。オーディオスペクトラムとは、音を周波数別に分析・表示するもので、低音部や高音部がそれぞれどのくらいの音量で鳴っているのかがわかります。

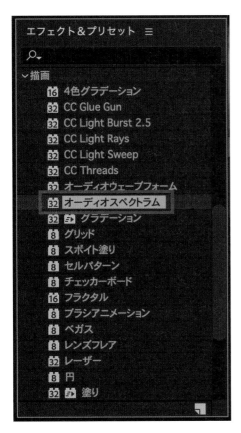

ドットラインが生成される

STEP
2

オーディオスペクトラムを
表示する

「平面レイヤー」に適用した「オーディオスペクトラム」エフェクトのプロパティを操作して、
「音楽」レイヤーの音楽のオーディオスペクトラムを表示しましょう。

327

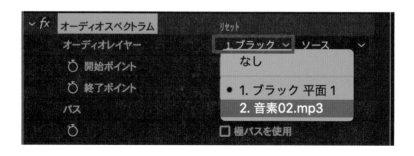

× ■ 🔒 エフェクトコントロール ブラック 平面 1 ≡	»»

7-3 • ブラック 平面 1

∨ fx	**オーディオスペクトラム**	リセット	
	オーディオレイヤー	1.ブラック ∨ ソース	∨
Ö	開始ポイント	⊕ 192.0,540.0	
Ö	終了ポイント	⊕ 1728.0,540.0	
	パス	なし ∨	
Ö		□ 極パスを使用	
> Ö	開始周波数	20.0	
> Ö	終了周波数	2000.0	
> Ö	周波数バンド	64	
> Ö	最大高さ	480.0	
> Ö	オーディオのデュレーション(ミリ	90.00	
> Ö	オーディオオフセット(ミリ秒)	0.00	
> Ö	太さ	3.00	
> Ö	柔らかさ	50.0%	
Ö	内側のカラー		
Ö	外側のカラー		
Ö		□ オーバーラップカラーをブレンド	
∨ Ö	色相補間法	0x+0.0°	
Ö		☑ ダイナミック色相フェーズ	
Ö		☑ カラーシメトリー	
Ö	表示オプション	デジタル ∨	
Ö	サイドオプション	両サイド ∨	
Ö		□ デュレーション平均化	
Ö		□ 元を合成	

　まずはじめに「オーディオレイヤー」プロパティでオーディオスペクトラムを表示する「音楽」レイヤーを指定します。再生すると、ドットの一部がわずかに上下に動きます。初期状態では、ドットの左が低音部で、右に行くほど高い音を表示します。

∨ fx	**オーディオスペクトラム**	リセット	
	オーディオレイヤー	1.ブラック ∨ ソース	∨
		なし	
Ö	開始ポイント	● 1. ブラック 平面 1	
Ö	終了ポイント	2. 音素02.mp3	
	パス		
Ö		□ 極パスを使用	

ドットの一部がわずかに動く

このままではドットの動きが小さいので「最大高さ」プロパティの値を上げてドットの最大の長さを伸ばします。ここではわかりやすいように、値を「1500」まで上げましょう。再生すると、先ほどより大きくドットが伸びます。

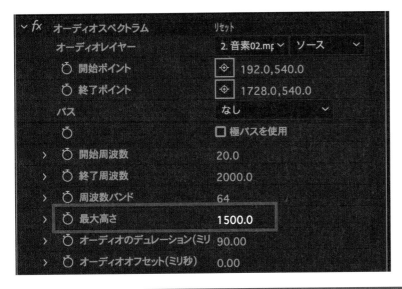

∨ fx	オーディオスペクトラム	リセット	
	オーディオレイヤー	2. 音素02.mp ∨	ソース ∨
	⏱ 開始ポイント	◈ 192.0,540.0	
	⏱ 終了ポイント	◈ 1728.0,540.0	
	パス	なし ∨	
	⏱	☐ 極パスを使用	
>	⏱ 開始周波数	20.0	
>	⏱ 終了周波数	2000.0	
>	⏱ 周波数バンド	64	
>	⏱ 最大高さ	1500.0	
>	⏱ オーディオのデュレーション(ミリ	90.00	
>	⏱ オーディオオフセット(ミリ秒)	0.00	

ドットの動きを大きくする

スペクトラムの表示を
調整する

　オーディオスペクトラムの表示を調整しましょう。まずは色です。単色で色を変えたい場合は「内側のカラー」と「外側のカラー」プロパティで色を指定しますが、ここではよりカラフルにしたいので「色相補間法」プロパティを使います。このプロパティは周波数ごとの色を変化させるプロパティです。ここでは角度を「0×+180.0」にします。そうするとドットがレインボーカラーになります。

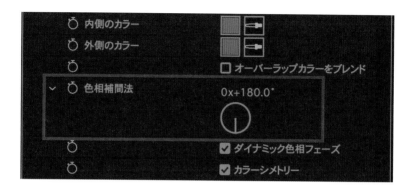

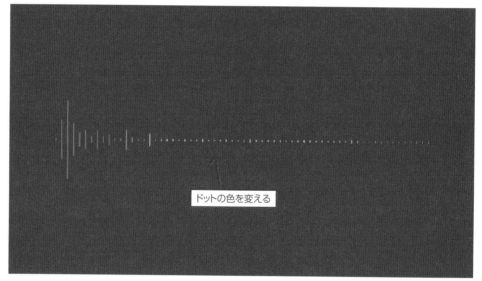

　続いてドット表示する周波数範囲を指定します。現在ドットの右端の高音部は動きが少ないので、これら高音部を表示から外しましょう。「終了周波数」プロパティの値を下げれば一番右のドットが表示する周波数が下がります。ここでは値を「400」にします。これで右端のドットも動くようになります。

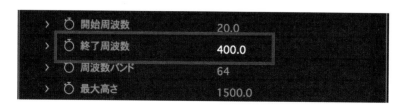

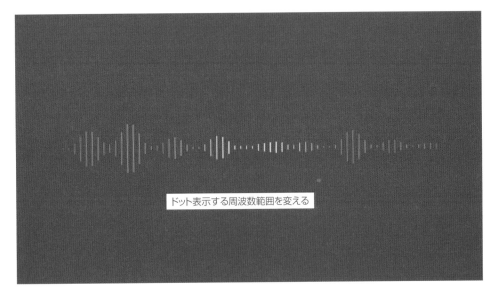

ドット表示する周波数範囲を変える

　ドットの数は分析する周波数の細かさです。ドットの数を多くしたい場合は「周波数バンド」プロパティの値を上げます。ここでは「140」にします。

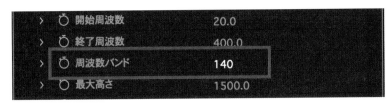

	開始周波数	20.0
	終了周波数	400.0
	周波数バンド	**140**
	最大高さ	1500.0

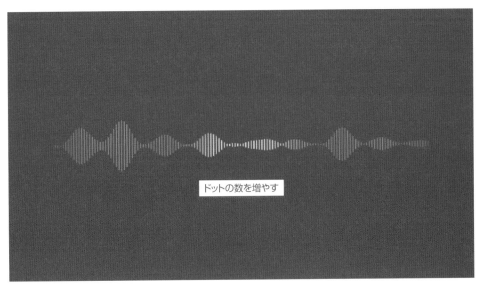

ドットの数を増やす

　今回は変更しませんが、ドットの太さなどを変えたい場合は「太さ」と「柔らかさ」プロパティを操作します。オーディオスペクトラム表示に関する設定はこれで完了です。

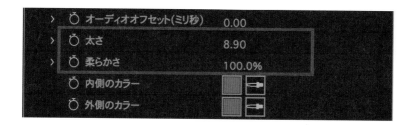

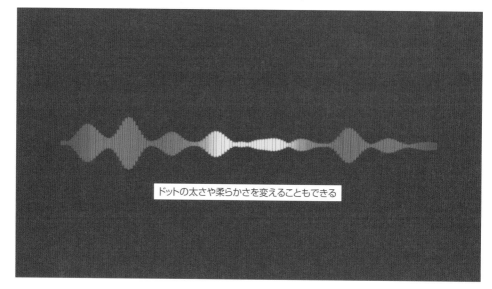

ドットの太さや柔らかさを変えることもできる

波形の表示形状を変える

「表示オプション」プロパティで、オーディオスペクトラムの表示形式を3種類から選ぶこともできます。それぞれの表示形式は図の通りです。ここでは初期の「デジタル」のまま操作を進めます。

■デジタル

■アナログ

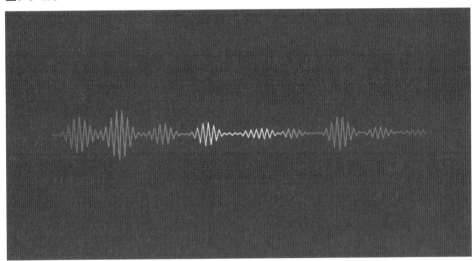

■アナログドット

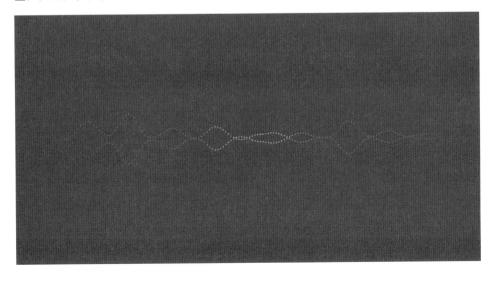

オーディオスペクトラムのドットの配列は、初期状態では水平のラインですが、これをマスクパスに沿った形状にすることができます。この機能を円形のマスクで実践してみましょう。まず「平面」レイヤーを選択し、「楕円形ツール」を選んで［コンポジション］パネルに正円を描画します。正円は「shift」キーを押したままドラッグして描画することができます。描画後に選択ツールに戻し、正円のマスクをダブルクリックして画面の中央にドラッグして移動します。正円のマスクが追加されたので、オーディオスペクトラムが円形に切り取られます。

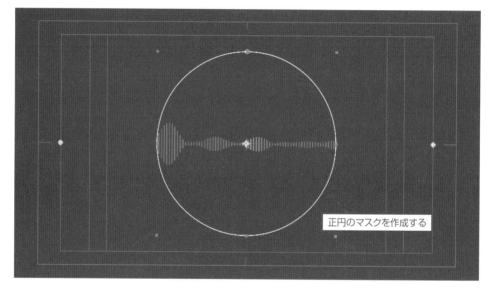

正円のマスクを作成する

使うのはマスクのパスだけで、表示に関しては機能させないので、［タイムライン］の「平面」レイヤーのプロパティを開き、「マスク」プロパティを「なし」にします。そうすると再びオーディオスペクトラムが現れ、マスクのパスだけが表示されるようになります。

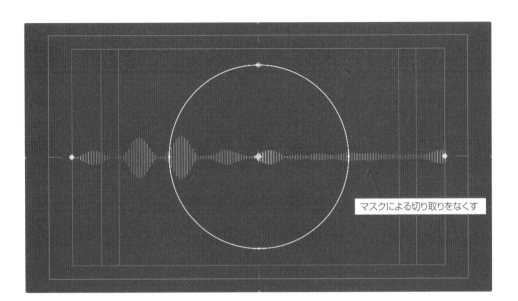

マスクによる切り取りをなくす

「オーディオスペクトラム」エフェクトの「パス」プロパティで「マスク 1」を選ぶと、オーディオスペクトラムが正円のマスクパスに沿って表示されます。

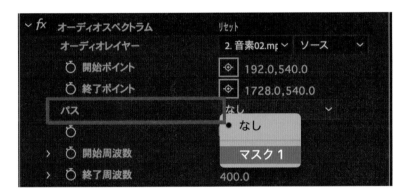

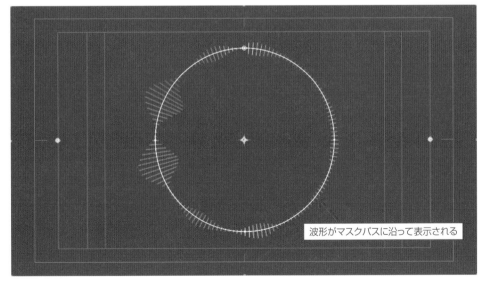

波形がマスクパスに沿って表示される

　「サイドオプション」プロパティでパスの外側か内側だけにスペクトラムを表示することもできます。ここではパスの外側だけにスペクトラムを表示する「サイドB」を選んでみましょう。

■両サイド

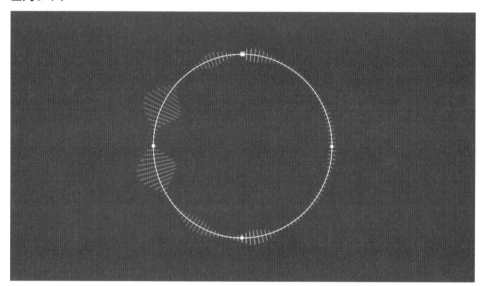

■サイドA

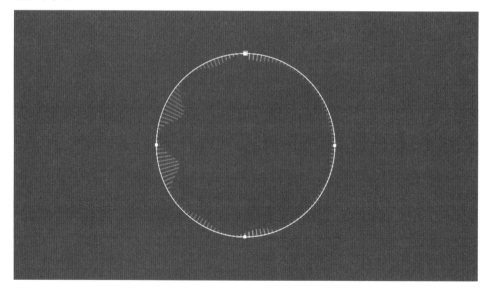

■サイドB

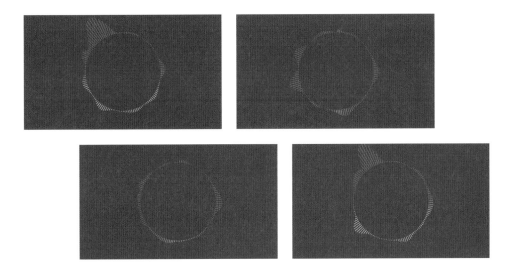

　再生すると、正円に沿ったオーディオスペクトラムが音楽に合わせて動きます。これで完成です。

7

プリセットのパーティクルを使う

Aftert Effectsにはパーティクル・システムのプリセットがエフェクトとして存在します。ここではそれらを紹介すると同時に実際に操作してカスタマイズしてみましょう。

STEP 1 平面を追加する

最初に新規コンポジションをつくります。デュレーションはパーティクルの動きがわかる「5秒」にします。背景色は「黒」にしましょう。

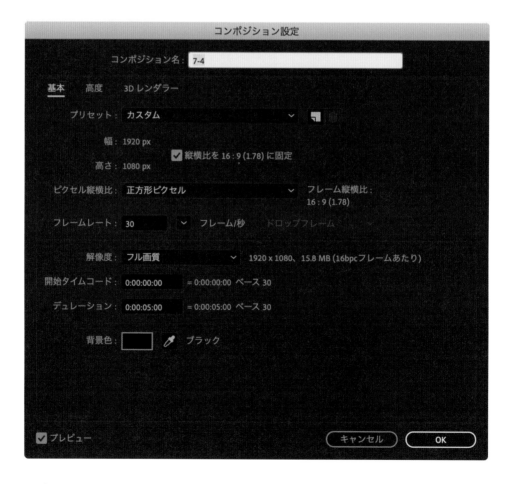

パーティクルのエフェクトは映像や画像フッテージに直接適用して描画できるものもありますが、調整する際はパーティクルだけを表示させたほうがやりやすいので、基本は新

規平面に適用します。下のレイヤーに合成する場合は、エフェクトの持つ合成用のプロパ
ティを使うか、黒い平面に適用してレイヤーの描画モード「スクリーン」で合成します。ここ
ではエフェクトを適用するための黒い新規平面をつくりました。

STEP 2 雨をつくる

パーティクルで雨をシミュレートするのが「CC Rainfall」エフェクトです。

「平面」レイヤーを選択し、［エフェクト＆プリセット］パネルの「シミュレーション」の中に
ある「CC Rainfall」をダブルクリックしてエフェクトを適用します。フレームの状態ではほ
とんどわかりませんが、再生すると雨が降っていることがわかります。

　説明のために雨を見やすくしてみましょう。まず雨自体の調整です。「Opacity」プロパティの値を上げると雨の不透明度が上がります。「Background Reflection」の中にある「Influence」プロパティは背景との合成度合いです。この値を下げると雨が浮かび上がってきます。

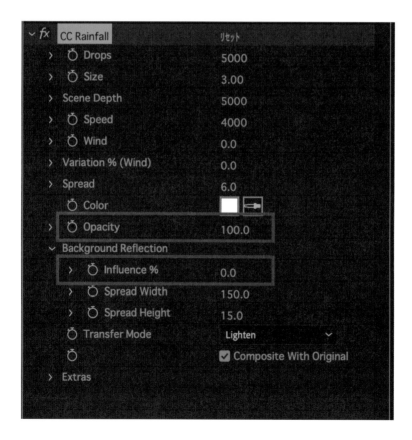

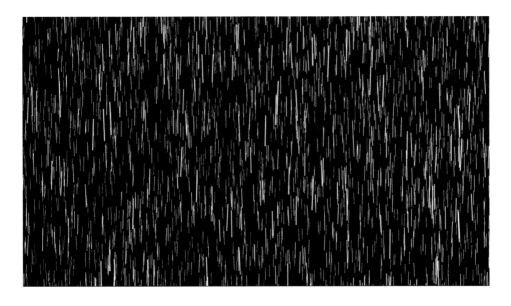

　その他のポイントとなるプロパティを操作してみましょう。まず雨粒の設定です。「Drops」の値で雨粒の量を設定します。「Size」では雨粒の大きさというより雨の色の濃さが設定されます。

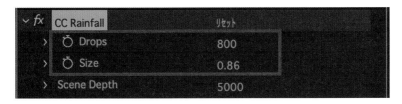

　続いて雨の振り方に関するプロパティです。「Speed」は雨の落ちる速度。「Wind」は横風の影響度合いで、値を上げると雨が右斜めに落ちていきます。

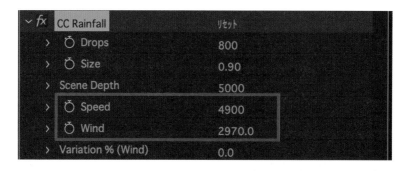

　シーンの構築でポイントとなるプロパティを操作します。まず「Scene Depth」プロパティです。この値を上げると雨が降る空間の奥行きが広がります。

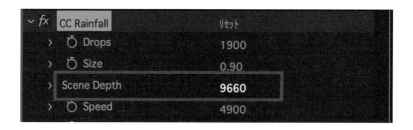

「Extras」の中にある「Ground Level」プロパティで雨の降る空間の地面を設定できます。先の「Scene Depth」と併せて空間の設定を行います。

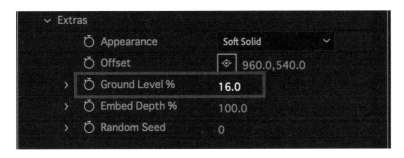

　雨を下のレイヤーと合成する場合は、「Background Reflection」の中にある「Composite With Original」プロパティのチェックを外します。これが雨をシミュレートする「CC Rainfall」エフェクトの概要です。

> Background Reflection
>   Ö Transfer Mode   Lighten   ∨
>   Ö   □ Composite With Original
> Extras

STEP **3** 雪を
つくる

「CC Rainfall」と同じ「シミュレーション」の中にある「CC Snowfall」は、パーティクル
で雪をシミュレートするエフェクトです。

ポイントとなるプロパティとその効果は「CC Rainfall」と同じです。こちらも再生しな
がらプロパティを操作してみてください。

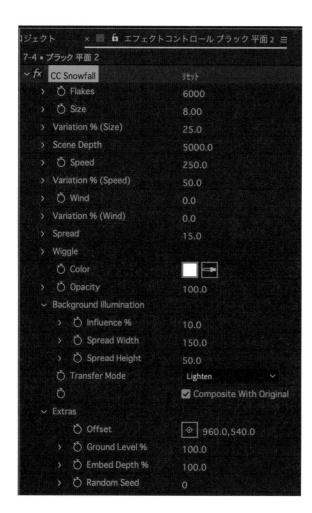

星の中を進むような効果をつくる「CC Star Burst」エフェクトは平面の色がそのまま星の色になります。ですので、「ホワイト」の新規平面を追加し、その平面に「シミュレーション」の中にある「CC Star Burst」を適用します。

適用するとすぐに星空が生成され、背景に合成されます。再生すると、星が手前に迫ってきて星の中を突き抜けているようなアニメーションになります。

設定のポイントとなるプロパティを操作してみましょう。まず星の中を進む速度です。「Speed」プロパティの値を上げると進む速度が上がり、値を下げてマイナス値にすると星が遠ざかっていきます。

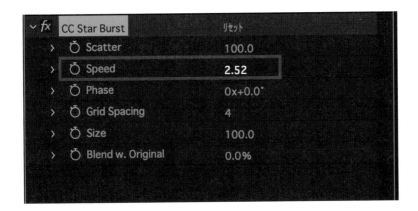

星の大きさは「Size」プロパティで設定します。ただし、星空の見え方は単に星の大きさだけでなく星の密集度合いによっても変わってくるので、次に紹介する密集度合いを調整するプロパティ「Scatter」などと組み合わせて操作するとよいでしょう。

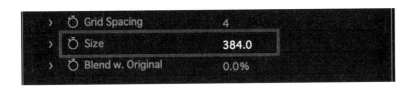

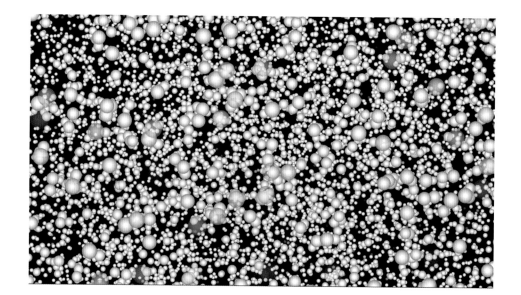

　星の密集度合いは、「Scatter」プロパティで星の散らばり具合、「Grid Spacing」プロパティで星の密度を設定します。

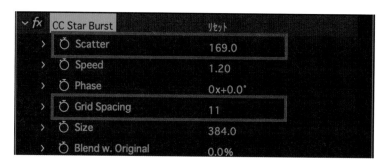

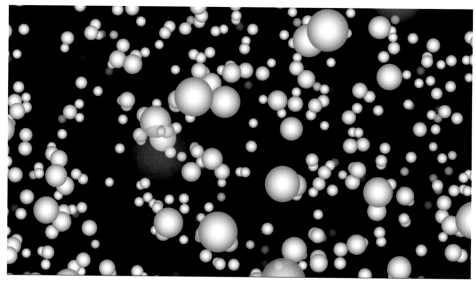

　モーショングラフィックスの飾りとして使う場合は、星をあまり密集させず、ゆっくりした速度で飛ばすと効果的です。また、このエフェクトを適用する平面や画像の色が星に反映されるので、カラフルな星をつくることも可能です。図は「4色グラデーション」を適用した平面に「CC Star Burst」を適用した例です。

STEP
5

漂うチリを
つくる

　モーショングラフィックスに空気感を加えるために効果があるのが「漂うチリ」です。この効果は雪をシミュレートする「CC Snowfall」エフェクトでつくります。

　まず新規平面を追加し、「シミュレーション」の中にある「CC Snowfall」をダブルクリックしてエフェクトを適用します。そうすると画面に細かい雪が生成されますが、初期設定では非常に細かい状態なので図では雪が判別できません。

まず雪の調整です。「Size」プロパティの数字上をドラッグして値をスライダーでの上限以上の最大値「15」まで上げます。次に「Opacity」を「100」、「Background Illumination」の中の「Influence」を「0」にして雪の不透明度を100%にします。

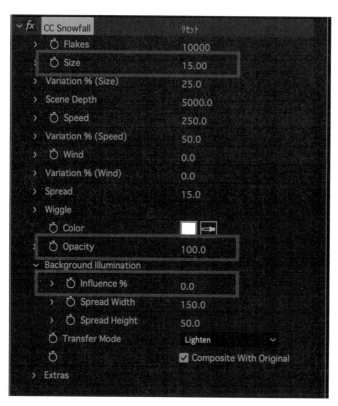

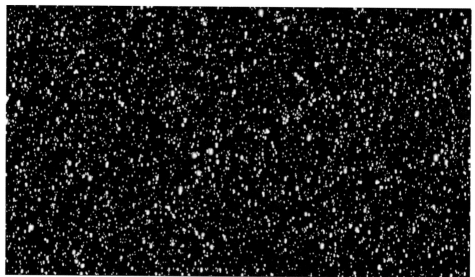

雪の量を減らすために、「Flakes」プロパティの値を「150」にします。

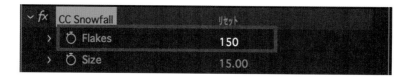

　空から降る動きから、空中を漂う動きにします。まず「Speed」プロパティの値を極端に小さな「0.5」にします。再生すると雪が左右に揺れます。これは雪を揺らす「Wiggle」プロパティが設定されているからです。「Wiggle」の「Amount」の値を「10」に下げて揺れを少なくします。最後に「Wind」の値を「10」にしてわずかな空気の流れをつくります。

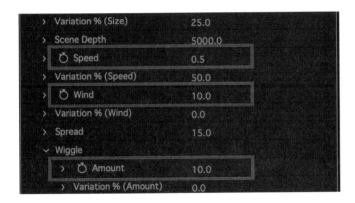

　これで空から降る雪が空中に漂うチリになりました。あとは好みに応じてチリのサイズと量、不透明度などを微調整してください。

7

図解 パーティクルの基礎知識

パーティクルとは粒子を発生させることのできるエフェクトです。キラキラしたエフェクトなど派手な演出が可能です。

▶… パーティクルの特徴

エフェクトによって呼び名は変わってきますが基本的な特徴は変わりません。どのような要素があるのかをしっかりと理解しておきましょう。

● 発生源

出現する場所

粒子が発生する場所。XYZの位置を自由に設定できる

● パーティクル

粒子の形

どのような形状の粒子を発生させるか。粒子の形は各エフェクトにいくつか用意されている。また、他のレイヤーを粒子の素にすることも可能

● 発生頻度

一度に発生する量

一度の発生させる量を決める。発
生させてすぐにキーフレームで0にす
ると弾けた表現も可能

量が少ない　　　　　　　　　　　　　　　量が多い

● 物理的な影響

重力や風

擬似的に重力や風を発生させて粒
子を落としたり、風になびかせるこ
とも可能

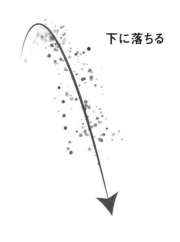

下に落ちる

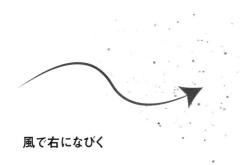

風で右になびく

T | I | P | S

パーティクルを応用すると、海中で発生する泡などもつくる
ことができます。それぞれの機能の使い方を決めつけず柔
軟に取り入れてみましょう。

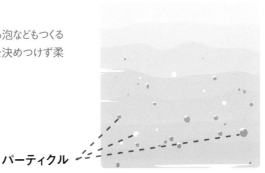

パーティクル

05 飛び散る火花をつくる

前項「図解:パーティクルの基礎知識」でパーティクルの基本を理解したら、具体的にパーティクルアニメーションをつくってみましょう。ここでは飛び散る火花をつくります。

STEP 1 パーティクルをつくる

飛び散る火花は一瞬のアニメーションなので、デュレーション「2秒」背景が「ブラック」のコンポジションをつくり、黒い色の新規平面を追加します(ただし図版では印刷で波形が見えやすいように背景をグレーにしました)。

「平面」レイヤーを選択し、[エフェクト&プリセット]パネルの「シミュレーション」の中にある「CC Particle World」をダブルクリックしてエフェクトを適用します。そうすると、地面のグリッドが表示されます。

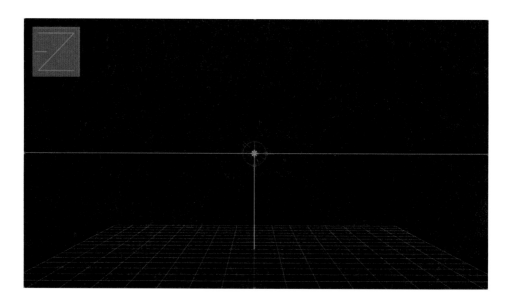

再生するとグリッドが消え、黄色からオレンジ色に変化するパーティクルが画面中央から吹き出します。これからこのパーティクルを飛び散る火花にしていきます。

STEP

2 一瞬の火花にする

初期状態ではパーティクルが噴水のように吹き出し続けます。まずこれを一瞬で飛び散らせて火花のように見せましょう。操作は、パーティクルの発生量を設定する「Birth Rate」プロパティを使います。まず「0フレーム」に「Birth Rate」のキーフレームを設定します。続いてフレームを「1フレーム」進め、値が「0」のキーフレームを設定します。

1フレーム以降はパーティクルの発生量が「0」になるので、吹き出し続ける状態から飛び散る状態になります。ただし、飛び出し方に勢いがなく火花らしくありません。

STEP
3
飛び散る強さを
調整する

　飛び出すパーティクルを火花のように見せるために、勢いよく飛び出すようにします。飛び出す勢いを設定するプロパティは「Physics」の中にある「Velocity」です。この値を「5」にすると、画面いっぱいに飛び散る勢いになります。

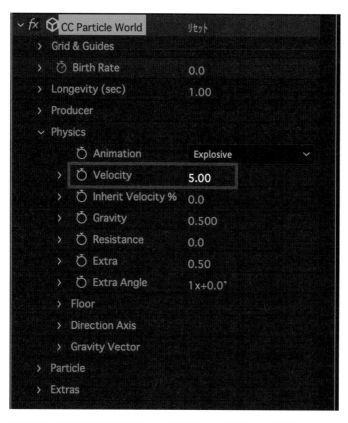

続いて火花の寿命を設定しましょう。初期設定では「1秒」で消滅するようになっているので、「Longevity」プロパティの値をコンポジションのデュレーションである「2」まで伸ばします。これで下に落ちる途中で火花が消えることがありません。

飛び散る勢いの設定は完了ですが、火花が落ちる動きは「重力」の設定で変わってくるので、試しに「Physics」の中にある「Gravity」の値を「0」にして無重力での飛び散りを確認してみてください。確認したら元の値に戻します。

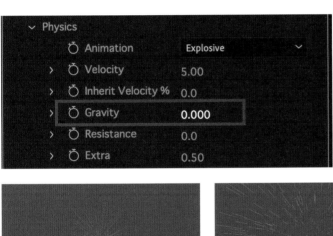

STEP
4

火花を
調整する

　最後は火花自体の調整です。火花の色は「Particle」の中の「Opacity Map」プロパティで設定します。ここに「Birth Color」と「Death Color」があるので、発生と消滅時の色を指定します。

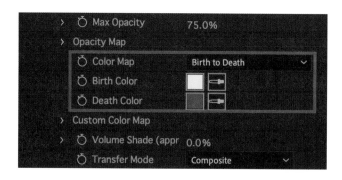

　「Color Map」を「Custom」にすると、「Custom Color Map」で発生から消滅まで5段階の色を設定することができます。

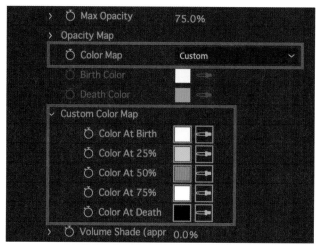

火花の不透明度は「Max Opacity」プロパティで設定します。「CC Particle World」は適用するとすぐに下のレイヤーに合成されるので、もし他の画像や映像に火花を合成する場合は、その合成具合を見ながら不透明度を設定してください。

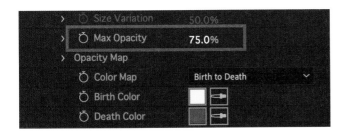

　火花の調整時に地面のグリッド表示が邪魔な場合は、「Grid & Guides」の中にある「Grid」「Horizon」「Axis Box」などのチェックを外してください。

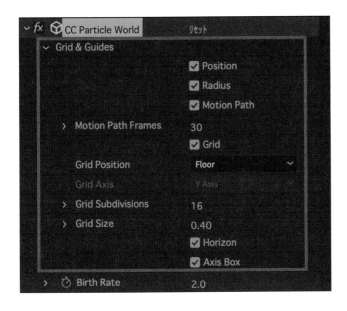

　これで飛び散る火花の完成です。使い勝手の良い効果なのでモーショングラフィックスの飾りなどに活用してください。

石坂アツシ

1962年生まれ。ビデオ制作会社、CG制作会社を経てフリーの映像作家になる。
ビデオ、ゲーム、CG、DVDなど多岐に渡る企画・プロデュース・演出を手がけ、ビデオ編集ソフトの
テクニカル書籍の著書も多数。近年は自主制作映画にも着手し、オリジナルの短編映画は国内外の
映画祭で上映され賞を受賞している。現在は初の長編映画を制作中。

山下大輔

映像講師。主に映像制作を生業とするユーザー向けにセミナーを行う。Premiere Pro、After
Effectsを得意とし、Adobe Community Evangelistも務める。
Tipsサイト https://everydayskillshare.jp/ 運営中。

図解できちんと理解する
After Effects モーショングラフィックス パーフェクトガイド

2021年　2月28日　初版第1刷発行
2021年　8月31日　初版第2刷発行
2023年　2月28日　初版第3刷発行

著者　　石坂アツシ・山下大輔
装丁　　VAriantDesign
編集　　ピーチプレス株式会社
DTP　　ピーチプレス株式会社

発行者　山本正豊
発行所　株式会社ラトルズ
　　　　〒115-0055　東京都北区赤羽西4丁目52番6号
　　　　TEL　03-5901-0220（代表）　　FAX　03-5901-0221
　　　　http://www.rutles.net

印刷　　株式会社ルナテック

ISBN978-4-89977-511-9
Copyright ©2021　Atsushi Ishizaka, Daisuke Yamashita
Printed in Japan